基礎からわかるFRP

―― 繊維強化プラスチックの基礎から実用まで ――

強化プラスチック協会 編

コロナ社

執筆者一覧 (執筆順)

松﨑 亮介 (まつざき りょうすけ)	(東京理科大学)	1章, 5.1, 5.3節
森本 哲也 (もりもと てつや)	(宇宙航空研究開発機構)	2.1.1項
坂田 憲泰 (さかた かずひろ)	(日本大学)	2.1.2, 2.1.3項
小泉 雄介 (こいずみ ゆうすけ)	(日本ユピカ株式会社)	2.2, 2.3節
中井 邦彦 (なかい くにひこ)	(中井FRP技術事務所)	3.1〜3.17節, 6.5節
仲井 朝美 (なかい あさみ)	(岐阜大学)	3.18節
轟 章 (とどろき あきら)	(東京工業大学)	4, 7章
上田 政人 (うえだ まさひと)	(日本大学)	5.2, 5.4, 5.5節, 6.3, 6.4, 6.6, 6.7節
中田 政之 (なかだ まさゆき)	(金沢工業大学)	5.6節
中谷 隼人 (なかたに はやと)	(大阪市立大学)	5.7節
細井 厚志 (ほそい あつし)	(早稲田大学)	5.8節
横関 智弘 (よこぜき ともひろ)	(東京大学)	6.1, 6.2節
水谷 義弘 (みずたに よしひろ)	(東京工業大学)	8章

(2016年3月現在)

は じ め に

　本書は強化プラスチック協会の創立60周年（2015年）を記念して編集した記念出版である．加えて日本複合材料学会の創立40周年記念の記念出版でもある．強化プラスチック協会では，毎年繊維強化プラスチック（fiber reinforced plastics：以下FRPと略記）の入門者向けの講習会を実施してきた．その教科書である『だれでも使えるFRP —— FRP入門』（2002年発行）を発展させて広く世の中に公開出版し，日本におけるFRP産業や日本におけるFRPの教育に役立ててもらうために本書の作成を60周年記念で企画したものである．

　FRPとはどのような特色を持っている素材であるのかという基礎的なことから，どのように成形するかという点に重点を置いてやさしく解説しており，FRPの市販の教科書にはない特色を持った本になっていると思う．

　日本におけるFRPは1950年代の輸入原料を用いた釣竿（つりざお）製造が確認されている最初の国産製品となっているが，軍需部門で1944年頃からアメリカで開発が開始されている．1955年頃にはアメリカのディズニーランドですでに遊具関係に利用され，民生品にも活用され始めている．1955年4月1日に強化プラスチック協会は創立され，翌年社団法人認可されている．1960年代以降はさまざまな民生品でFRPが活用されている．

　日本のバブル景気崩壊後の経済事情の悪化とFRP製品の廃棄の問題で一時FRPの利用が減少したが，近年は軽量化，省エネ材料として再び脚光を浴び始め，航空機や自動車などの構造材料として適用が拡大され始めている．また土木や建築系への適用も拡大してきている．

　このような情勢の中で，日本の大学教育では従来型の均質で材料特性が方向によらない金属材料を取り扱うだけで終始している例も多くあり，FRP産業では独自に教育を必要としていたのが実情である．本書が今後の日本の産業におけるFRP教育の一助になれば幸いである．

2016年1月

一般社団法人 強化プラスチック協会 会長　邉　吾一

情報・編集委員会 委員長　轟　章

目　　　次

1. FRP の利用と用途

1.1　FRP の 定 義 ·· *1*
1.2　FRP の長所と短所 ··· *2*
1.3　FRP の 用 途 ·· *5*
　1.3.1　水まわり製品 ·· *5*
　1.3.2　船　　　舶 ·· *7*
　1.3.3　航空宇宙機構造 ··· *7*
　1.3.4　自　動　車 ·· *7*
　1.3.5　環境，エネルギー ··· *8*
　1.3.6　タ　ン　ク ·· *9*

2. FRP の 材 料

2.1　繊　　　維 ··· *11*
　2.1.1　炭 素 繊 維 ·· *11*
　2.1.2　ガラス繊維 ··· *20*
　2.1.3　天 然 繊 維 ·· *24*
2.2　樹　　　脂 ··· *25*
　2.2.1　熱硬化性樹脂 ·· *26*
　2.2.2　熱可塑性樹脂 ·· *31*
　2.2.3　取り扱い注意事項 ··· *32*

- 2.3 副資材 ··· 32
  - 2.3.1 充填材 ·· 32
  - 2.3.2 硬化剤,促進剤 ··· 35
  - 2.3.3 離型剤 ·· 36
  - 2.3.4 着色剤 ·· 36
  - 2.3.5 助剤(消泡剤,減粘剤,紫外線吸収剤) ··· 36
  - 2.3.6 低収縮剤 ·· 37

3. 成形法

- 3.1 成形法の基礎 ··· 38
  - 3.1.1 概要 ·· 38
  - 3.1.2 成形法の選択 ·· 39
  - 3.1.3 成形材料 ·· 39
  - 3.1.4 成形型 ·· 41
  - 3.1.5 成形技術 ·· 42
  - 3.1.6 後加工 ·· 43
- 3.2 ハンドレイアップ成形法 ··· 45
- 3.3 スプレーアップ成形法 ··· 47
- 3.4 バッグ成形法 ··· 49
  - 3.4.1 減圧バッグ成形法 ·· 49
  - 3.4.2 加圧バッグ成形法 ·· 50
- 3.5 オートクレーブ成形法 ··· 51
- 3.6 RTM 成形法 ·· 53
- 3.7 インフュージョン成形法 ··· 56
- 3.8 MMD 成形法 ··· 58
- 3.9 SMC 成形法 ·· 60
- 3.10 BMC 成形法 ·· 63
- 3.11 FW 成形法 ·· 67
- 3.12 FRPM 管成形法 ··· 72

3.13 引抜成形法 ··· 75
3.14 連続パネル成形法 ·· 76
3.15 遠心成形法 ··· 77
3.16 人造大理石成形法 ·· 78
3.17 耐食FRP成形法 ·· 79
3.18 熱可塑性複合材料の成形法 ··· 81
   3.18.1 中間材料の加熱を型外で実施するスタンピング成形法 ········ 82
   3.18.2 金型の加熱・冷却時間を短縮する急速加熱冷却成形法 ······· 82
   3.18.3 金型の温度勾配を利用した連続成形法（引抜成形法） ········ 84
   3.18.4 連続繊維と長繊維樹脂射出成形のハイブリッド成形法 ········ 85

4. 応力ひずみの計算

4.1 複合則 ··· 86
4.2 単層の力学 ··· 90
4.3 アングルプライの力学 ··· 91
4.4 積層板の力学 ·· 94
4.5 短繊維複合材料 ·· 99

5. 特性

5.1 静的試験 ·· 100
5.2 疲労試験 ·· 105
5.3 衝撃試験 ·· 110
5.4 耐候性試験 ··· 115
5.5 耐食試験 ·· 117
5.6 クリープ試験 ·· 120
   5.6.1 はじめに ··· 120

5.6.2　高分子材料の構造と粘弾性 ································ *120*
　　5.6.3　時間-温度換算則 ·· *124*
　　5.6.4　樹脂のクリープコンプライアンス ························ *126*
　　5.6.5　CFRP のクリープコンプライアンス ····················· *127*
　　5.6.6　お　わ　り　に ··· *132*
　5.7　継手強度試験 ·· *132*
　　5.7.1　機 械 的 継 手 ··· *132*
　　5.7.2　接 着 継 手 ··· *135*
　5.8　層間はく離試験 ··· *138*

6.　設　　計　　法

　6.1　破　　壊　　則 ··· *144*
　　6.1.1　最 大 応 力 則 ··· *144*
　　6.1.2　最大ひずみ則 ··· *146*
　　6.1.3　Tsai-Hill 則 ··· *147*
　　6.1.4　Hoffman 則 ·· *148*
　　6.1.5　Tsai-Wu 則 ·· *149*
　　6.1.6　Hashin 則 ·· *149*
　6.2　積 層 板 設 計 ·· *150*
　6.3　継 手 設 計 ·· *154*
　6.4　座　　　　　屈 ··· *161*
　6.5　安　 全　 率 ··· *168*
　　6.5.1　概　　　　要 ··· *168*
　　6.5.2　静的特性値および限界値 ···································· *169*
　　6.5.3　安全率に影響する要因係数 ································· *169*
　　6.5.4　設 計 と 安 全 率 ··· *175*
　　6.5.5　流体管の内圧計算例 ·· *176*
　6.6　有 限 要 素 法 ·· *177*
　6.7　シミュレーション ··· *179*

7. 機能的性質

7.1 導電率, 誘電率と絶縁破壊 ……………………………………………… *184*
7.2 比熱, 熱伝導率と線膨張係数 …………………………………………… *190*
7.3 密度, 融点と振動減衰 …………………………………………………… *193*
7.4 屈　折　率 ………………………………………………………………… *194*

8. 非破壊試験

8.1 は　じ　め　に …………………………………………………………… *196*
8.2 代表的な非破壊試験 ……………………………………………………… *196*
　8.2.1 目　視　試　験 ……………………………………………………… *196*
　8.2.2 放射線透過試験 ……………………………………………………… *197*
　8.2.3 超音波探傷試験 ……………………………………………………… *197*
　8.2.4 アコースティックエミッション試験 ……………………………… *199*
　8.2.5 赤外線サーモグラフィ試験 ………………………………………… *199*
8.3 検出対象となる欠陥と非破壊試験の適用例 …………………………… *200*
　8.3.1 製造時に発生し得る欠陥 …………………………………………… *200*
　8.3.2 供用中に発生し得る欠陥 …………………………………………… *200*
　8.3.3 適　用　例 …………………………………………………………… *201*
8.4 将来への課題と展望 ……………………………………………………… *201*

引用・参考文献 ………………………………………………………………… *203*
　強化プラスチック協会創立60周年記念出版のご案内 ………………………… *210*

索　　　引 ……………………………………………………………………… *211*

1 FRPの利用と用途

1.1 FRPの定義

　FRPとは，F：fiber（繊維），R：reinforced（強化），P：plastics（プラスチック（ス））の略語で「繊維強化プラスチック」のことを指し，図1.1に示すように繊維で補強されたプラスチック材料である。また，FRPは複合材料の一つといえる。複合材料とは，「2種類以上の材料を混合することで，単一種類の材料では達成できない特性を持ち，達成する材料の中で異種材料の間に明確な界面が存在し，たがいに固溶しない材料」という定義がされている。例えば，ガラス繊維強化プラスチックはガラス繊維とプラスチックから構成され，自動車タイヤは鋼繊維とゴム材料，鉄筋コンクリートは鋼ロッドとセメントから構成されているので，どれも複合材料である。しかしながら，合金は複数の材料（元素）から構成されているが，異種材料間で明確な界面を持ってお

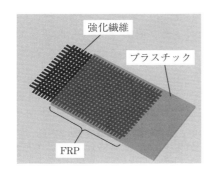

図1.1　FRPの構成【出典：J. Wanberg：Composite materials fabrication handbook #1, p.6, Wolfgang Productions（2009）】

らず，複合材料には含めない。

　FRPはおもに繊維とプラスチックから構成されており，繊維は一般的に高い引張強度と剛性を持つため，強化材と呼ばれる。しかし繊維は非常に細く，布のような柔軟性を持つため圧縮や曲げに弱く構造材料としては使用できないため，プラスチック（母材，**マトリックス**（matrix）と呼ばれる）で複合化することで，高強度な部材となり，圧縮や曲げにも使用できるようになる。FRPはプラスチックを繊維で強化した材料であるとともに，きわめて高い強度を持つ繊維材をプラスチックで固めた材料である。

1.2　FRPの長所と短所

　FRPは，高強度・高剛性の繊維と，比較的軽量なプラスチックを複合化することで，軽くて高強度・高剛性という特徴を有する。複合材料の特性を表す指標として，強度や剛性を密度で除して求める比強度と比剛性が使われる。従来の金属材料と比較すると，**図1.2**に示すようにFRPは非常に高い比強度・比剛性を持ち，したがって，重量軽減が大きな課題である飛行機などの輸送機

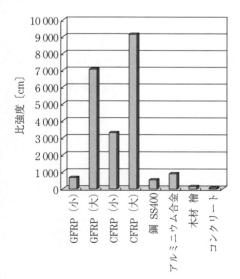

図1.2　各種材料の比強度の比較【出典：強化プラスチック協会：だれでも使えるFRP — FRP入門，p. 6（2002）】

器やスポーツ用器具に適した材料となっている。また，FRP は破壊する際に，比較的高い衝撃吸収性能を持つ。

　FRP は繊維が強く剛性が高いため，配置する繊維の方向によって材料特性が変化する異方性がある。このため，図 1.3 に示すように設計要求に応じて材料特性を仕立てること（テーラリング）ができ，従来の金属材料のような全方位に等しい特性を有する**等方性材料**（isotropic material）ではなし得ない特徴を持つ。通常は，図 1.4 に示すように一方向にそろった繊維層を複数重ねて積層板として使用する。積層の仕方により，例えば引っ張ると材料が曲がるといった新しい材料特性を設計することもできる。

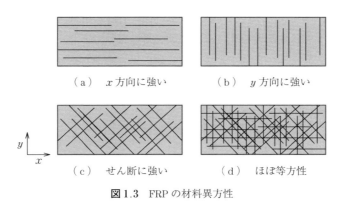

図 1.3　FRP の材料異方性

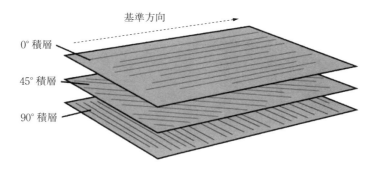

図 1.4　FRP 積層板【出典：John Wanberg：Composite materials fabrication handbook #1, p. 9, Wolfgang Productions（2009）】

FRPは基本的にはプラスチック材料であるため，錆びにくく腐りづらい特性を持ち，タンクローリーや化学プラント用材料として使用することができる。また，繊維の種類に応じて任意の電気絶縁性や導電性を付与することもできる。例えば，強化材にガラス繊維を用いた **GFRP**（glass fiber reinforced plastics）は絶縁性を示し，炭素繊維を用いた **CFRP**（carbon fiber reinforced plastics）は導電性を示す（**図1.5**）。電波の遮断や通過についても導電率と同様に制御することができる。断熱性や熱伝導特性は金属材料と比較して低いが，用いる繊維の特性や配向方向に大きく依存し要求に応じて設計することができる（**図1.6**）。ガラス繊維を用いたGFRPの場合，樹脂と屈折率をほぼ等しく設計することで光透過性が高いクリアFRPも作製可能である。また，FRPのマトリックスは成形時点では液状で強化材は柔軟であり，基本的にはその場で形をつくるため，二次加工が少なく複雑な構造物を一体で成形可能である。

一方でFRPの短所としては，FRPはプラスチック材料であるため燃えやすく，表面が傷つきやすいことが挙げられる。また，繊維方向には強いが，繊維直交方向はプラスチック材料と同程度の強度や剛性を示し，強さに弱い方向が

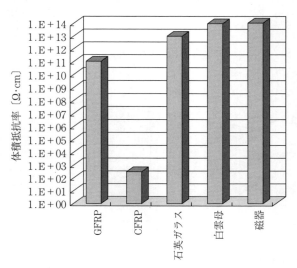

図1.5 各種材料の体積抵抗率の比較【出典：強化プラスチック協会：だれでも使えるFRP — FRP入門, p.7 (2002)】

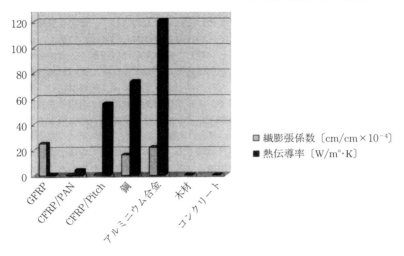

図 1.6 各種材料の熱的特性の比較【出典：強化プラスチック協会：だれでも使えるFRP — FRP入門，p.8（2002）】

ある．さらに，材料内に界面を持つことや複数の材料で構成されるため，破壊のプロセスが複雑になりやすく，特に層間はく離など材料内部から損傷が発生する場合があり，損傷の検知が困難な問題がある．

1.3 FRPの用途

FRPは，軽さや強度に加えて，熱・電気特性，メンテナンス性，経済性，成形性などの観点から，さまざまな用途で用いられている．おもなFRP製品の機能別用途区分一覧表を**表 1.1**に示す．以下におもな用途区分で用いられているFRP製品について説明する．

1.3.1 水まわり製品

FRPの持つ耐食性と軽量性，熱的特性から，浴槽・浴室ユニット，浄化槽にGFRPが用いられ，FRP需要の中でも大きな割合を占めている．従来のステンレスやホーロー製浴槽よりも，軽く運搬・施工性がよく，強度耐性が高く

1. FRP の利用と用途

表 1.1 おもな FRP 製品の機能別用途区分一覧表【出典：強化プラスチック協会：だれでも使える FRP—FRP 入門, p.15 (2002)】

用途 \ 特性	軽さ	強さと固さ	衝撃吸収性	電気特性	熱的特性	メンテナンスフリー	経済性	造形・成形性(デザインフリー)	外観性	部品複合性
水まわり製品		浄化槽 (HL, SU, RTM, SMC, FW), 冷却塔 (HL, SU, SMC)			浴槽・浴室ユニット (HL, SU, RTM, SMC, BMC)	屋上・ベランダ防水 (HL)				浴槽・浴室ユニット (HL, SU, RTM, SMC, BMC)
構造物機能部品	一体型軽量屋根構造（ともに CFRP 製 FW, レジンインフュージョン)	遮断管 (FW)		プリント基板 (多段プレス, AC), 絶縁パイプ (FW), レドーム (HL)	燃空内筒 (FW), 太陽電池パネル枠 (PUL)		橋梁用合成床版 (PUL/HL)			
インフラストラクチャー		橋梁・歩道橋 (HL, PUL), 耐震補強用／コンクリート補強筋 (PUL)				上下水道用配管 (FW)				
移動体	航空・宇宙機器 (AC/PP), 自動車・鉄道車両部品 (HL, SU, RTM, SMC, BMC)	舟艇・船舶 (HL, SU)	F1 ボディ (HL), プロペラシャフト (FW)		クラッチディスク（プレス成形)			RV 車のルーフトップ (SMC/RTM)	新幹線車両前頭部 (SU)	舟艇・船舶 (HL, SU), 航空機の主翼桁 (AC/PP)
環境						脱硫装置等の耐食機器 (HL)			アンテナ用鐵柱鉄棒 (HL)	
エネルギー		CNG タンク (FW), 風力発電用ブレード (HL, RTM)				タンクローリー (FW/HL)				
容器	圧力容器 (FW)	FF/FS タンク (FW)								
生活	ホームエレベーター, エスカレーターステップ (FW)	車いす用ローラ (HL)		MRI 診断装置本体カバー (HL, RTM)		介護用特殊入浴装置 (HL), 理髪店の洗髪ユニット (BMC)		いす・ベンチ (HL, SMC, MMD, PUL)	目隠しルーバー (注型)	ノーフューズブレーカー (BMC)
娯楽		スポーツ用組み立て式プール (HL)							キャンピングカー, ウォータースライダー (HL)	
景観						宇佐美観音 (HL)		人工滝（ゴールドシレイクスカントリークラブ）(HL)		
道具	ロール (FW)		投擲作業車のブーム (PUL, FW), 同バケット (HL)			海苔養殖ポール (PUL)				いか釣りロボット (CFRP/SMC)

外観がよいことが評価され広まった。浄化槽においても1961年に商品化されて以降，住宅建設の需要に伴い市場の成長が続いた。ただし，最近は，型代が安くリサイクルが可能なジシクロペンタジエンを採用する製品も出てきており，浄化槽向けのFRP材料の需要量はやや減ってきている。

1.3.2 船舶

プレジャーボートから大型船まで，多くの船舶構造部材としてFRPの利用が拡大している。1970年代頃から耐海水性，軽量性，機械的特性等の改善を目的としてFRPが船舶構造部材として広く用いられるようになった。船舶構造において，FRPは木材や金属材料よりも，比強度が高い，成形性がよい，曲面を主体としたデザインの自由度が高い，耐食性に優れている，成形に要する設備費が安価，修理が容易など多くのメリットがある。船舶でおもに使用されるFRPはGFRPである。ガラス繊維は薬品に侵されにくい，電気絶縁性が良好，生産性が優れ，他の強化材と比べて安価という特徴のため用いられている。

1.3.3 航空宇宙機構造

重量削減が主要課題の一つである航空宇宙機構造において，従来の主要な構造材料であるジュラルミンに代わり，CFRPの適用が急激に拡大してきている。最新の旅客機では，主翼，胴体構造部などの構造強度を受け持つ一次構造にも積極的に適用されており，CFRPの使用率が機体重量の約50％に及ぶ機体も存在する。航空機構造において，剛性確保などの理由から鋼等の金属材料が用いられるエンジンおよび着陸装置まわりなどの部分を除けば，機体のほとんどの部位の構造材料がCFRPをはじめとする複合材料構造に変わりつつある。

1.3.4 自動車

航空機と同様に車体軽量化のために，CFRPの車体への適用が拡大している。メルセデス・マクラーレンSLRやトヨタ自動車LEXUS LFAのような高級

車では車体の骨格や外板に CFRP が採用されている。近年は，このような高級車やコンセプトカーに加えて，BMW i3 など一般乗用車への CFRP 使用も増えつつある。CFRP 車は軽量化による走行段階でのエネルギー消費量減少によりライフサイクル全体では従来車よりもエネルギー消費量は減少するものの，車両製造段階では従来車よりも多くのエネルギー消費を必要とすることが示されている。今後さらに CFRP 構造の自動車分野での適用を拡大していくためには，成形技術から車両組み立て技術に至るまで広い範囲での大量生産技術の確立が必要であり，短時間成形技術の研究開発が進められている。

1.3.5 環境，エネルギー

近年世界的に生産が増えている FRP 製品の一つが図 1.7 に示す風力発電用風車のブレードと本体カバー（ナセル）である。地球温暖化などの環境問題の観点から，CO_2 排出量が少なく，無尽蔵なエネルギー源を利用した持続可能エネルギーとして風力発電が注目されている。近年では，ウィンドファームの建設はオフショアへと向かっており，それに伴い風車の大型化が進められてい

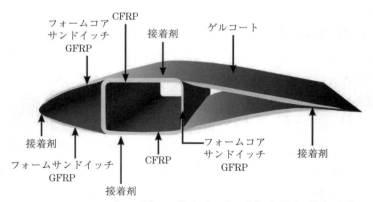

Source：Gamesa Technology Corp. & Sandia National Laboratories

図 1.7　FRP 製風力発電用ブレード【出典：http://www.compositesworld.com/articles/wind-turbine-blades-glass-vs-carbon-fiber】[†]

---

† 本書中の URL は 2015 年 10 月現在のものである。

る。風車翼の大型化に伴い，現在の主要構造材である GFRP では強度不足や剛性不足による翼端のたわみ増加が問題となってくる。そのため，GFRP よりも比強度，比剛性に優れた CFRP を翼に使用した CF／GF ハイブリッド翼の研究開発が進められている。また，潮流や海流を利用した発電用のブレードにも FRP が同様に使用されている。

1.3.6 タンク

FRP は広い温度領域で金属材料よりも優れた断熱特性を有するため，液体水素タンク構造への適用，既存極低温タンク構造の断熱性強化が期待される。また，CFRP 製圧力容器は金属製圧力容器と比較して優れた比強度を有することから，軽量化が要求される人工衛星用の気蓄器やロケットの推進薬タンクをはじめとする航空宇宙分野において近年利用されている。気密性が要求される場合は，タンク内側に金属ライナーが施された FRP 製タンクが用いられる（図1.8）。さらに耐食性，耐疲労性の面でも優れることから，これらを要求する燃料電池自動車の高圧水素タンク，天然ガス（CNG）自動車の CNG タンクなど自動車分野へも CFRP 製圧力容器の利用は拡大している。

その他，構造物・機能部品の代表的な用途としては，橋梁（りょう），一体型軽量屋根構造，レーダードーム，太陽電池パネル枠，プリント配線基板などがある。

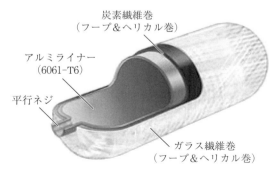

図 1.8　金属ライナー FRP 製圧力容器【出典：http://asahi-ss.jp/products/frp】

また，インフラストラクチャーとして，橋梁・歩道橋，耐震補強，コンクリート補強筋，上下水道配管補修に使われている。特に，2000年3月に沖縄県の海中道路に建設された伊計平良川線ロードパーク連絡歩道橋は，本格的なGFRP製橋梁として有名である。これは当初PC（プレキャストコンクリート）構造が検討されたが，塩害への耐久性を考慮してFRPの採用が決まった。

　生活用途としては，成形性を活用し，ホームエレベーターなどのバリアフリー関連，エスカレーターステップ，MRI診断装置本体カバー，理・美容院の洗髪ユニット，いす・ベンチ，目隠しルーバーにFRPが使われている。

　娯楽用途としてはスノーボード，スケートボード，テニスラケット，釣竿，ゴルフシャフトなどのスポーツ用品，組み立て式プール，ウォータースライダーに使われている。景観・道具として，宇佐美観音，ゴルフ場の人工岩・人工滝，海苔養殖ポール，製紙機械用のロールなどにも使われている。

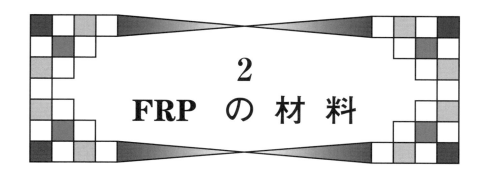

2 FRPの材料

2.1 繊　　　維

2.1.1 炭 素 繊 維
〔1〕 発明/発見の歴史

「世界初の炭素繊維は，1879年に"発明王"エジソンが作製した，日本から取り寄せた竹の繊維を炭化させた電球用フィラメントである」との説が広く知られているが，だれが最初に炭素繊維フィラメントを発明して電球を灯したのか，必ずしも明確ではない。例えば，ドイツ系移民の米国人 Henry Goebel がエジソンに先駆けて，葦(あし)の繊維を炭化させて作製したフィラメントを備えた電球を灯すことに成功したとの報道が1882年になされているが，その記事に従うならば1853年には屋外での点灯実験が公知となっているのみならず1838年にはドイツで実用的な電球が発明されていたことになる[1]†。ほかにも，カナダの Henry Woodward と Mathew Evans もまたエジソンに先立つ1874年に繊維状の炭素を用いた電球の特許を取得しており[2,3]，英国人の Sir Joseph Swan は1879年には紙の繊維を炭化させた繊維をフィラメントとする電球の開発に成功して1880年に特許申請している[4]。

このように，有機繊維を炭化させた繊維が電球用フィラメント素材として有望であるとの知見は，遅くとも1800年代後半までには公知であったものと考

---

†　肩付き数字は，巻末の引用・参考文献番号を表す。

えられる．また，タングステンなどの耐熱金属製フィラメントは振動を与え続けると疲労破壊して切れてしまうため，軍用艦艇等では永らく炭素繊維製フィラメントを備えた電球が使用され続けていた，等の事例を鑑みると，少なくとも一部ではその優れた機械的特性についても認識されていたものと思われる．ところが，炭素繊維が有望な機械系材料として広く認識されるようになるまでには半世紀程を要している．

レーヨン繊維等を炭化させた繊維の製法に関し，Carbon Wool 社の William F. Abbott を出願者とする米国特許出願 No. 569391 が 1956 年 3 月 5 日付けにて記録されており，同時係属となる 1959 年 9 月 11 日付け出願案件が 1962 年 9 月 11 日に登録されている[5]．

polyacrylonitrile（PAN）繊維に熱処理を施して炭化し，難燃性の繊維を得る試みは 1944 年に Du Pont の W. P. Coxe および Union Carbide 社の L. L. Winter らにより実施されていた模様であるが[6]，1959 年に通商産業省工業技術院大阪工業試験所の進藤昭男が出願した「アクリルニトリル合成高分子物より炭素製品を製造する方法」-1962 年特公昭 37-4405[7] を基本特許とする，耐炎/不融化・炭化に係る熱処理を施した後に高温で緻密な黒鉛化を進めることにより高強度の炭素繊維を連続生産する手法，いわゆる「大工試法」が今日では支配的となっている．

また，リグニンや石油・石炭系ピッチ等を紡糸した後に炭素繊維を製造する技術は，テトラベンゾフェナジン（TBP）を 300～500℃における温度範囲にて炭素化する直前の溶融状ピッチとしたものが良好な曳糸性を示すことを見出した群馬大学の大谷杉郎が 1963 年に「大谷特許」とも称される基本特許を国内出願の上，1969 年には米国特許も出願しており，1970 年代に工業化されている[8]～[10]．

さまざまな可能性を秘めた新素材として注目を集めており，一部サンプル出荷も始まった段階にあるカーボンナノファイバーであるが，炭化水素の熱分解や黒鉛電極を用いたアーク放電時に生ずる煤状の物質中には元々含まれていた可能性が高く，電球の普及に先立ちガス灯やアーク灯が使用されていた 19 世

紀中までには人類の前に存在していたものと考えられる。さらには，1889年の米国特許である，煤を成長させて電球用炭素フィラメントを製造する装置[11]を「人類初の工業的カーボンナノファイバー製造装置」であったとみなすことも，あながち間違いではないであろう。しかし，カーボンナノファイバーの特異な形態の第一発見者とだれがみなされるべきであるのかについては，1920年代終盤における電子顕微鏡の発明および1930年代以降における進歩の過程とも重なるため，戦乱や冷戦等の社会的影響も併せて議論の余地が大きい。例えば，1948年には炭化水素の熱分解に伴いフィラメントが形成されることが報告されているが[12]，繊維状の形態が判別可能である電子顕微鏡写真は1952年の旧ソビエト連邦における報告例が最も古いものの一つとなるようである[13]。しかし，学術情報であろうとも交流に制約の伴う朝鮮戦争当時であったためか西側諸国の出版物で引用されるまでには20年程を要しており，1953年におけるNATURE誌掲載の電子顕微鏡写真が，より早く公知となっている[14]。また，炭化水素を熱分解する際における金属触媒の作用に関する知見の蓄積[15]，ナノファイバーの構造や成長に関する検討や分岐したナノファイバーの発見[16],[17]を経て，ナノファイバーの製造方法に関する特許も一部では成立しているが[18]，高倍率の電子顕微鏡や電子線回折像を援用して詳細な構造を解明することにはNEC筑波研究所の飯島澄男が1991年に世界で最初に成功している[19]。さらに，気相成長法を洗練させてカーボンナノファイバーを大量生産することに，信州大学の遠藤守信が世界で初めて成功しており[20],[21]，この手法により製造される高品質の製品は「遠藤ファイバー」とも称されている。

〔2〕 工業化の過程

炭素繊維がどれほど優れたものであろうとも，市場での成功が必ずしも約束されているわけではない。例えば，ミサイルやロケットの高温部品であるノズルやベーン等には第二次世界大戦時のドイツにおけるＶ２号以来，黒鉛が使用されてきた実績がある上に，アスベストやガラス繊維を用いた耐熱材料が「新素材」として普及している宇宙・防衛市場において，ウール状の炭素繊維を強化繊維とする「耐熱最新素材」が競争優位になるまでにはいわゆる「産業化の

途上に横たわる死の谷」を越えるための過酷な競争を勝ち抜かなければならず，炭素繊維を工業的に出荷した最も初期の会社である National Carbon 社ではレーヨン系炭素繊維事業より撤退する決断をしている．同様に，製紙・パルプ工業の副産物であり安価かつ安定した原料の供給に強みのあるリグニンを用いたピッチ系炭素繊維を最も早期に事業化した呉羽化学工業（株）等の例では，既存材料との激しい価格競争に巻き込まれる汎用市場から一旦退却し，より先鋭的な特性を発揮しやすい石油ピッチ系炭素繊維ウール材に切り替えてアスベスト代替材や耐薬品・耐摺動材等の専門性の高い市場を先に開拓する道を選択している．

1950年代半ばから70年代における激しい日米繊維交渉，いわゆる日米繊維摩擦もまた炭素繊維産業へ大きな影響を及ぼしている．わが国の繊維メーカーでは「綿製品の輸出自粛」に伴い化学繊維への転換を進めていたため，優れたPAN繊維技術を保有するようになっていた．その結果「毛・化繊の輸入制限交渉」が激化する1970年代には，タイミングよく登場した大工試法を活用したPAN系炭素繊維の生産にスムーズな転換を見せており，今日でも炭素繊維市場の90％程度をPAN系繊維が占める一因ともなっている．

さらに，スポーツ用品市場を開拓することに成功したことが以降のサクセスストーリーの端緒となっている．ゴルフクラブや自転車フレーム，スキー板，テニスラケット等，人間の限られた筋力を最大限に活用しなければならない競技スポーツ用品では，繊維価格が転嫁された高額な製品にも市場での優位性がある上に，高度な技能者が限定的な量を生産する業態であったため，従来材料向け生産ラインを止めてCFRP製品向け生産ラインに切り替える際にも柔軟に対応することができた点も有利に作用し，1970年代より炭素繊維製品が普及を見せている．

これに対して民間航空機産業では，技術認証（TC）制度の規定上，一旦固定化された生産ラインを変更するのが困難であることに加えて，航空機メーカーが莫大な開発資金を確保するためには投資回収のリスクが少ない旧来の材料を採用することが有利であるため，試験的な適用が開始された1970年代以

降 30 年程をも経過した 2000 年代に入りようやく，航空機の一次構造へ PAN 系 CFRP が大量に採用され始めている。

さらに，2000 年代当初時期における原油価格の高騰を背景に，軽量化を目途として自動車等の輸送機器への CFRP 採用が進み出しており，先進的な研究開発から半世紀程の年月を経た今日，いよいよ炭素繊維市場の急拡大を迎えようとしている。

〔3〕 PAN 系 繊 維

polyacrylonitrile（PAN）繊維の構造を図 2.1 に示す。このままでも，酸素を遮断した環境で高温処理を施すことにより炭素を主とする繊維状の残渣を得ることができるものの，融断に伴う長繊維の収率低下や不純物の残留および黒鉛化の不徹底等に起因する強度の低下を伴う。そのため，十分な長さを維持しつつ高強度の炭素繊維を大量生産する際には「大工試法」のように，環化による不融化処理を施した後に炭化および黒鉛化を施す。

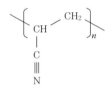

図 2.1　polyacrylonitrile（PAN）繊維の構造

窒素ガス中など，非酸化環境で 200～300℃の熱処理を施す場合には，図 2.2 に代表的な反応の例を示すような環化が進行する。一方，空気や窒素酸化物ガスあるいはオゾンを添加した窒素ガス等の酸化雰囲気中で 220～280℃程

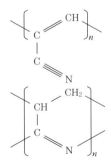

図 2.2　非酸化雰囲気中における環化の進行

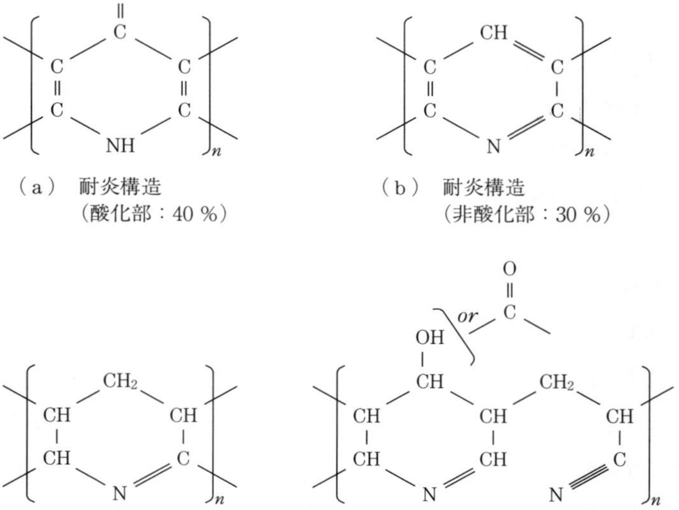

16　　2. FRP の 材 料

(a) 耐炎構造
（酸化部：40 %）

(b) 耐炎構造
（非酸化部：30 %）

(c) 非耐炎構造
（非酸化部：20 %）

(d) 非耐炎構造
（非環化部：10 %）

図 2.3　酸化雰囲気中における環化の進行

の熱処理を施して十分に熱安定化した段階では，図 2.3（a）〜（d）に代表例を示すような酸化を伴う環化が完了している[22]。

　環化により「不融化」された繊維に対し，非酸化性雰囲気中にて 1 000 ℃超まで昇温しつつ「炭化」を進める。非酸化環境で不融化したケースでは元の PAN 繊維重量の約 34 % が炭素として残留するが，酸化雰囲気中で不融化したケースでは 300 〜 400 ℃で脱水・橋かけが生じてガス状の分解生成物の発生を抑制するため，54 % 程度まで収率が改善される。そのため酸化雰囲気中での不融化が多くの場合採用されるが，図 2.3（c），（d）に示すおのおの 20 %，10 % 程度の非耐炎構造部は焼損して投入資源のロスになってしまう等，プロセスの改善余地はいまだ残されている。

　次いで，さらに昇温しつつ「黒鉛化」を進めるが，1 200 〜 1 500 ℃程度で繊維強度のピークを迎え，さらに高温では弾性率が向上するため，製品ニーズに合わせて 1 000 ℃台半ばでの高強度化と 2 500 〜 3 000 ℃における高弾性率

化を適宜バランスさせる必要がある。

〔4〕 ピッチ系繊維

　石油精製時に残余となるボトム油や，石炭コークスの乾留時に残余となるコールタールは安価かつ安定した供給が可能であるため，炭素繊維のような高付加価値製品に転嫁させることができれば大きな利得を得ることができる。一方，PAN のように化学的な均一性が明確である原料とは異なり，さまざまな芳香族分子が混じり合い組成変動が大きいピッチを原料とするためには，不純物を除去して均質化するための蒸留・溶剤抽出，フィルターや高温遠心分離等を用いた機械的分離を経て，適宜水素化等の改質を施す必要があるため，改質ピッチの均質化および高品質化は高コスト化とのトレードオフともなる。

　石炭系・石油系に続く「第三のピッチ系」とも称される，化学的に均質な原料を出発点として高品質かつ均質なピッチを合成する手法は，改質に伴うコストを大幅に削減することができるため，原料価格の抑制に成功するならば，今後の主流ともなり得る潜在力を有しており，塩化アルミニウムを触媒としてエチレンタールやナフタレンからピッチを合成する手法，あるいは，ナフタレン等の均質な原料を HF-BF_3 等の超強酸触媒で重合して AR 樹脂と称するピッチを得る手法等がすでに開発されている[23]。

　改質ピッチは，液晶性を示さない等方性のもの，および液晶性を呈するメソフェーズピッチと称するものに大別される。これらの改質ピッチを 300～400 ℃程度に保ち，曳糸性を高めたものを紡糸して繊維化した後，PAN 系繊維同様に不融化・炭化・黒鉛化なるプロセスにて炭素繊維を得る。

　等方性ピッチは，遠心紡糸等によるウール状の短繊維を得る際に多用されており，また，メソフェーズピッチ繊維は結晶性が高く，直鎖構造を出発点とする PAN 繊維よりも黒鉛結晶化度を高めることが容易であるため，黒鉛の 1 950 W／(m・K) に迫る高熱伝導繊維や高電気伝導繊維を得ることが理論上は可能である。さらに，層状の構造を有する黒鉛は各層の積層面内方向（a 軸方向）には 1 010 GPa，面外方向（c 軸方向）には 36 GPa と大きく異なる弾性率を有していることから，繊維軸方向に対する結晶の配向をコントロールすることに

より弾性率を大幅にコントロールすることが可能であり，50 GPa 程度の柔らかいものから 900 GPa を上回る高弾性を有するものまで，さまざまな弾性率を有する繊維が市場に出回っている．

〔5〕 **代表的な物性値**

多種多様な炭素繊維が入手可能であるが，代表的な物性値を**表 2.1** に示す．また，炭素繊維の写真を**図 2.4** に，織物クロスの写真を**図 2.5** に，カーボンナ

表 2.1 炭素繊維における代表的な物性値

分 類	PAN 系	ピッチ系（炭素系）	ピッチ系（黒鉛系）	ナノファイバー
原 料	PAN 繊維	等方性ピッチ	メソフェーズピッチ	炭化水素ガス等
性 状	長繊維	短繊維ウール状	長繊維	数 μm〜数 mm の短繊維
密 度〔g/cm³〕	1.73〜2.00	1.60〜1.63	1.7〜2.2	1.4〜1.6（含・中空部）
直 径〔μm〕	5〜7	12〜18	7〜11	1〜150〔nm〕
引張弾性率〔GPa〕	230〜650	30〜37	50〜950	900〜
引張強度〔GPa〕	3.5〜6.6	0.67〜0.85	3.6〜3.8	13〜150
熱伝導率〔W/(m·K)〕	10〜11	5〜100	80〜800	2 000〜
備 考	航空機・建築物等の構造材料として大量に使用されている．	ブレーキパッド・断熱材等，おもに機能性材料として使用されている．	優れた振動減衰特性を備えた構造材料としてロボットアーム等に使用されている．	樹脂や金属へ混練／添加した素材がスポーツ用品に適用された例がある．

図 2.4 炭素繊維の例

図 2.5 CF 織物の例

図 2.6 カーボンナノチューブの例

ノチューブの写真を図 2.6 に示す.

〔6〕 おもな課題

軽量かつ高強度である炭素繊維を輸送機器等に適用することにより，エネルギーの節約すなわち低 CO_2 化に貢献することが可能である．一方，炭素繊維の製造には多くの電力を要する上に，原料から製品へと至る収率も低いため，製造に伴う CO_2 排出量は製品重量のおよそ 20 倍にも達する[24] など，製造エネルギー低減技術および低エネルギーリサイクル等による環境負荷の低減に関する研究開発が課題として残されている．

また，人体に対する安全性の確保についても課題としなければならない．炭素自体については生体に対する毒性等が知られていないものの，カーボンナノファイバーや，PAN 系・ピッチ系繊維の加工粉等について，大きさを示す 3 次元のうち少なくとも一つの次元が 1〜100 nm であるナノ物質となった場合における炎症反応や中皮腫を誘起する可能性については議論が分かれている．そのため厚生労働省では労働者の健康障害を未然に防止する観点から，平成 20 年 2 月 7 日に通知「ナノマテリアル製造・取扱い作業現場における当面のばく露防止のための予防的対応について」を発出し，「ヒトに対する有害性が明らかでない化学物質に対する労働者ばく露の予防的対策に関する検討会（ナノマテリアルについて）」における議論を踏まえ，平成 21 年 3 月 31 日付けの通達「基発第 0331013 号」で労働現場におけるナノマテリアルに対する曝露防止等に係る具体的な管理方法を示している．特に，営利を目的とした事業主体のみならず大学等の研究・教育機関においてナノマテリアルを取り扱う労働者等（学生を含む）を対象として除塵・保護具の性能および着用方法，清掃や廃棄方法，作業環境中のナノマテリアル濃度の測定方法，作業規定の作成および遵守の徹底等を示している点に注意が必要であり，大学側では試験作業環境・保護機材類の整備，環境測定の実施，マニュアル等の整備のみならず，安全教育および安全管理に関する記録に漏れがないことを徹底しなければならない．

2.1.2 ガラス繊維

ガラス繊維は強度やヤング率，耐熱性，電気絶縁性などの特性と価格のバランスがとれていることから，現在ではFRPの強化材として幅広い分野で使用されている。ガラス繊維が工業製品として生産が始まったのは1800年代末であり，1931年には米国のOwens-Illinois社とCorning-Glass社がガラス短繊維の量産化に成功し，1938年には両社が共同でOwens-Corning Fiberglas（OCF）社（現Owens Corning社）を設立し，その後，ガラス長繊維の量産に成功した[25]。日本では1939年に日東紡績（株）がポット法（ガラスカレットをルツボで溶かし耐火物ノズルから引き出して繊維化する方法）で長繊維の量産を開始した[26]。

〔1〕 ガラス繊維の諸特性

各種ガラス繊維の組成と特徴を**表2.2**に，代表的なEガラスとSガラスの各特性を**表2.3**に示す。現在，世界中で最も生産されているのは，Eガラス（無アルカリガラス）で，アルカリ成分がほとんどなく，アルカリの代わりにホウ酸を入れたホウケイ酸ガラスの一種である。

〔2〕 ガラス繊維製品の製造工程

図2.7にガラス繊維製品の製造工程を示す[28]。ガラス長繊維の製造方法の主流は，ガラスのバッチ原料をタンク炉で大量に溶融し，ブッシングと呼ばれるガラス繊維を引き出す小さなノズルからガラスを導き紡糸するダイレクトメル

表2.2 代表的なガラス繊維の組成と特徴[27]【出典：日本複合材料学会 編：複合材料活用辞典，日本複合材料学会，pp.331-335（2002）】

成分〔質量%〕	Eガラス	Cガラス	Sガラス	ARガラス
SiO_2	52〜56	60〜67	64〜66	55〜65
B_2O_3	5〜10	2〜8	0〜4	
Al_2O_3	12〜16	2〜6	24〜26	0〜5
CaO	20〜25	10〜20	0〜12	
MgO	20〜25	10〜20	9〜11	0〜12
R_2O	0〜0.8	8〜15	13〜18	
ZrO_2				12〜21
特徴	電気絶縁性汎用	耐酸性	高強度，高弾性率	耐アルカリ性

表 2.3 E ガラスと S ガラスの特性[27]【出典：日本複合材料学会 編：複合材料活用辞典, 日本複合材料学会, pp. 331-335 (2002)】

特 性		E ガラス	S ガラス
物理的性質			
密度	〔g/cm^3〕	2.58	2.49
引張強度 (23℃)	〔GPa〕	3.43	4.65
(370℃)	〔GPa〕	2.62	3.75
(540℃)	〔GPa〕	1.73	2.41
引張弾性率	〔GPa〕	72.5	84.3
最大伸び率	〔%〕	4.8	5.5
熱的性質			
比熱	〔J/kg·K〕	825	733
熱伝導率	〔J/m·s·K〕	1.03	1.05
熱膨張係数	〔×10^6/℃〕	5.5	2.8
軟化点	〔℃〕	840	1 050
電気的性質			
誘電率 (1 MHz)		6.6	5.3
誘電正接 (1 MHz)		0.001 2	0.001 8
体積抵抗率	〔Ω·cm〕	10^{15} 以上	10^{15} 以上
光学的性質			
屈折率		1.558	1.524

ト法（DM 法）となっている。この DM 法により，バッチ原料の溶融から繊維化まで一貫してできるようになり，大量生産と製造コストの低減が可能となった。

〔3〕 ガラス繊維の製品例

市販されているガラス繊維の製品例を以下に示す。他の製品とその詳細については各メーカーのカタログを参照願いたい。

（1） **ロービング**　紡糸されるガラス繊維の最小構成単位であるモノフィラメント（直径：4 〜 28 μm 程度）が数百本同時に紡糸され束ねられた基本単位をストランドと呼び，このストランドを数本以上引きそろえて束にし，巻き取ったものを**ロービング**と呼ぶ（図 2.8）。フィラメントワインディング（FW）成形，引抜成形，SMC 成形などさまざまな成形で使用される。

22　2. FRP の材料

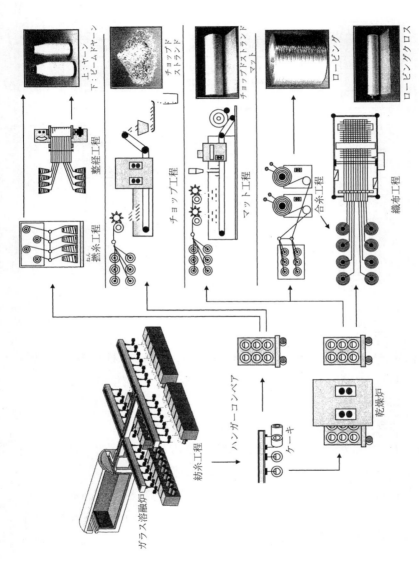

図2.7　ガラス繊維製品の製造工程[28]【出典：中村幸一：強化材ガラス繊維, 強化プラスチックス, **60**, 9, pp. 361–368 (2014)】

2.1 繊維　23

図 2.8　ロービング

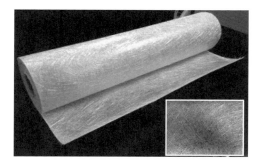

図 2.9　チョップドストランドマット

（２）**チョップドストランドマット**　約 50 mm の長さに切断したストランドをランダムに積み重ね，バインダーで結合してマット状にしたものを**チョップドストランドマット**と呼ぶ（**図 2.9**）。ハンドレイアップ成形，RTM 成形，SMC 成形などに使用される。

（３）**ロービングクロス**　経糸と緯糸にストランドあるいはロービングを用いて織ったものを**ロービングクロス**と呼ぶ（**図 2.10**）。ロービングクロスは平織が基本で，強度と剛性を要する部位にはチョップドストランドマット（M）とロービングクロス（R）を併用した MR 積層が用いられる。

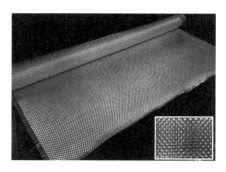

図 2.10　ロービングクロス

2.1.3 天然繊維

FRP の強化材には炭素繊維やガラス繊維が使用されることが多く,これらの強化材で成形された FRP は,強度やヤング率が高く,耐食性に優れているという大きな長所を有している。しかしその反面,非生分解性で,化学的にも安定であるため,廃棄処分が困難となり,廃棄時の環境への負荷が大きいという短所も有している[29]。これらの短所を補う FRP がグリーンコンポジットで,グリーンコンポジットの強化材には天然繊維,マトリックスには植物由来の樹脂が使用される。

強化材に使用される天然繊維は大きく分けて**表2.4**のように,植物系(セルロース系),動物系(タンパク質系),鉱物系に分けることができる[30]が,グリーンコンポジットの強化材には,比較的強度が高く,安定供給が可能な点とコストの面から,植物繊維が使用されることが多い。また,天然繊維を用いたグリーンコンポジットはすでに工業的に利用されており,欧州や日本の自動車メーカーでは,ダッシュボードやドアパネルといった自動車の内装パネルに GFRP の代替品として採用されている[31]。

表2.4 天然繊維の分類[30]【出典:合田公一:FRP 構成素材入門 第2章 構成材料と種類 ― 天然繊維,日本複合材料学会誌, **33**, 5, pp.196-201 (2007)】

植物繊維 (セルロース系)	種子繊維	綿,カポック,ココナッツ
	靱皮繊維	亜麻,ラミー,大麻,ケナフ,ジュート
	葉脈繊維	マニラ麻,サイザル麻,ヘネケ麻,クラワ,パイナップル,バナナ
	草木系繊維	木粉,竹,バガス
動物繊維 (タンパク質系)	獣毛繊維	羊毛,カシミヤ,モヘヤ,アルパカ,アンゴラ,ミンク
	繭繊維	絹
無機繊維(鉱物系)	石綿,バサルト	

表2.5に,代表的な植物繊維と比較のためにガラス繊維(E ガラス)の機械的特性を示す。植物繊維は,引張強度とヤング率では,ガラス繊維にかなわないが,竹やジュート,ケナフなどの比強度と比弾性率はガラス繊維に匹敵する値を示している。植物繊維の一例として,グリーンコンポジットの成形に使用

表2.5 代表的な植物繊維の機械的特性[30]【出典:合田公一:FRP構成素材入門 第2章 構成材料と種類 — 天然繊維,日本複合材料学会誌,**33**,5,pp.196-201(2007)】

	比重	平均直径*〔mm〕	引張強度〔MPa〕	比強度〔×10⁶ mm〕	ヤング率〔GPa〕	比弾性率〔×10⁹ mm〕	破断ひずみ〔%〕
竹	0.80	0.187	465	59.2	18.0〜55.0	2.29〜6.81	1.0〜2.0
亜麻	1.50	—	345〜1 100	23.5〜74.8	27.6	1.88	2.7〜3.2
大麻	—	—	690	—	70	—	1.6
ラミー	1.16	0.034	560	49.2	24.5	2.15	2.0〜3.0
ジュート	1.30	0.01	394	30.9	55.0	4.28	1.2〜1.5
マニラ麻	1.30	0.20	792	62.1	26.6	2.09	—
サイザル麻	1.46	0.05〜0.2	468〜640	33.0〜45.0	9.4〜22	0.66〜1.55	3.9〜7.0
ケナフ	1.04	0.078	448	44.0	24.6	2.41	—
ココナッツ	—	—	131〜175	—	4.0〜6.0	—	15.0〜40.0
E ガラス	2.56	0.013	1 400〜2 500	55.8〜99.7	76	3.03	2.0〜3.0

* 横断面形状は真円ではないので,ガラス繊維を除いてはおおよその繊維幅を意味する。

図2.11 ケナフロービング

図2.12 ケナフクロス

されるケナフロービングとケナフクロスを**図2.11**と**図2.12**に示す。

2.2 樹　　　　脂

　FRPに使用される樹脂(マトリックス)のうち,熱硬化性樹脂を繊維で強化した複合材を **FRSP**(fiber reinforced thermoset plastics)といい,熱可塑性樹脂を使用した複合材を **FRTP**(fiber reinforced thermo plastics)という。一

般的に FRP は熱硬化性樹脂を使用した場合をいうことが多い。

2.2.1 熱硬化性樹脂

不飽和ポリエステル（unsaturated polyester，**UP**）**樹脂**が多く用いられる。そのほか，ビニルエステル（vinyl ester，VE，エポキシアクリレート（epoxy acrylate，EA）ともいう）樹脂，エポキシ（epoxy，EP）樹脂，フェノール（phenol formaldehyde，PF）樹脂，ジアリルフタレート（diallyl phthalate，DAP）樹脂，ポリウレタン（poly urethane，PU）樹脂なども用いられる。

熱硬化性樹脂と熱可塑性樹脂の違いは，架橋剤により三次元化されているかどうかであり，三次元化されることで耐熱性や強度が高くなる。樹脂の架橋反応イメージを**図 2.13** に示すが，熱可塑性樹脂では長鎖のポリマーが絡み合っているのに対し，熱硬化性樹脂では，ポリマーが架橋剤で架橋され三次元化されている。

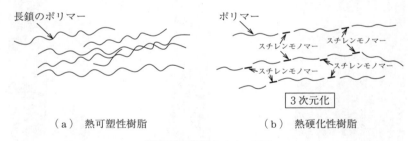

（a）熱可塑性樹脂　　　　　　（b）熱硬化性樹脂

図 2.13　樹脂のイメージ図

〔1〕 不飽和ポリエステル樹脂

不飽和ポリエステル樹脂は，グリコールと飽和多塩基酸および不飽和多塩基酸をエステル化反応させスチレンモノマーなどの架橋モノマーに溶解して得られる。**図 2.14** にその組合せと不飽和ポリエステルを合成する際の代表的な反応例を示す。

表 2.6 は代表的な原料である各種の飽和二塩基酸，グリコールおよび反応性希釈剤であるスチレンモノマーの構造と特徴である。使用する原料により性能

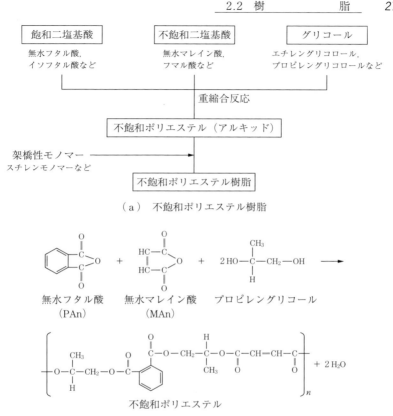

(a) 不飽和ポリエステル樹脂

(b) 代表的な反応例

図2.14 代表的な反応例

が異なる。

不飽和ポリエステル樹脂の特徴としては，過酸化物を硬化剤として使用することにより硬化を早め，生産性を高くすることができ，強度物性や耐薬品に優れ，比較的安価である。また，ハンドレイアップ，スプレーアップ，引抜き，FW（filament winding），RTM（resin transfer molding）やSMC（sheet molding compound），BMC（bulk molding compound）などの金型成形まで幅広い成形方法に対応可能である。

図2.15に示すように，樹脂は原料による分類，特徴および用途による分類，

表2.6 各種原料の構造と特徴

(a) 飽和二塩基酸の例

名称	構造	特徴	用途
無水フタル酸	(ベンゼン環に無水物)	比較的低コストでバランスのよい標準的な酸	一般FRPに幅広く使用される。
イソフタル酸	(ベンゼン環に1,3位COOH)	高強度, 耐水, 耐薬品, 耐熱性に優れる。	耐熱性ゲルコート, 高物性FRP, 耐食FRPに使用。
テレフタル酸	(ベンゼン環に1,4位COOH)	耐水, 耐薬品性はイソフタル酸より優れ, 伸びがある。	同上

(b) グリコールの例

名称	構造	特徴	用途
エチレングリコール	$HO-CH_2-CH_2-OH$	低コストの一般用, SMと相容性悪い。	一般用
プロピレングリコール	$HO-CH(CH_3)-CH_2-OH$	標準グリコール, バランス良好	広範囲一般用
ネオペンチルグリコール	$HO-CH_2-C(CH_3)_2-CH_2-OH$	耐水, 耐薬品, 耐候性に優れる。	耐水ゲルコートなど高級樹脂分野
ビスA-PO付加物	$HO-CH_2-CH(CH_3)-O-C_6H_4-C(CH_3)_2-C_6H_4-O-CH_2-CH(CH_3)-OH$	耐薬品, 耐アルカリ性に優れる。	耐食FRPなど

(c) モノマーの例

名称	構造	特徴
スチレンモノマー	$CH=CH_2$ (フェニル基)	使用されるモノマーは, コストを含め, ほとんどがスチレンモノマーである。

その他
　ビニルトルエン, α-メチルスチレン, ジアリルフタレートなどが挙げられる。

2.2 樹脂

```
不飽和ポリエステル樹脂の種類
原料による分類
  1. オルソフタル酸系樹脂  2. イソフタル酸系樹脂  3. テレフタル酸系樹脂
  4. ビス系樹脂           5. ハロゲン系樹脂      6. エポキシアクリレート系樹脂
  7. ウレタンアクリレート系樹脂

特徴および用途による分類
  1. 一般型樹脂  2. 軟質型樹脂    3. 耐候性樹脂    4. 耐食性樹脂    5. 耐熱性樹脂
  6. 難燃性樹脂  7. 空気硬化性樹脂  8. 低収縮性樹脂  9. 含水性樹脂

成形法による分類
  1. ハンドレイアップ用樹脂   2. スプレーアップ用樹脂   3. ゲルコート用樹脂
  4. 注型用                5. 化粧板用樹脂          6. レジンインジェクション用樹脂
  7. バキュームバック用樹脂   8. 連続成形用樹脂        9. SMC・BMC用樹脂
  10. その他, 塗料用など
```

図 2.15 各分類による呼び方

成形法による分類で呼ばれることがある。また，常温硬化，中温硬化（60〜100℃），高温硬化（100℃以上）で分類することもできる。要求性能や成形方法を詳しく樹脂メーカーに伝えて樹脂選定することが重要である。

近年，環境に考慮したリサイクル原料使用樹脂や地球温暖化対策としてバイオマス由来原料を使用した樹脂が開発されている。

〔2〕 **エポキシ樹脂**

骨格に下記のオキシラン環が2個以上ある樹脂をいう。

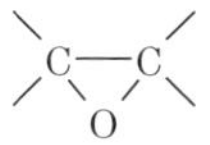

$$\diagdown\!\!\!\underset{\underset{O}{\diagdown\!\!\diagup}}{C\!\!-\!\!C}\!\!\diagup$$

一般的にアミンや酸無水物を硬化剤として使用時に混合反応して三次元硬化する。特徴としては，接着性や機械特性に優れ，成形収縮率が小さく耐薬品性や電気特性に優れている。しかし，冬場に比較的粘度が高い，オートクレーブの使用が必要など比較的長時間の硬化工程を要する。種類による特徴と用途を**表 2.7** に示す。

代表的な硬化剤として最も使用されているのはアミン系硬化剤であり，室温から高温下で硬化可能であるが，ポットライフ（使用可能な時間）が短くアミ

表2.7 エポキシ樹脂の種類による特徴と用途

樹脂の種類	特 徴	用 途
ビスフェノールAタイプ	反応性（速硬化），耐薬品性	塗料，粉体塗料など
ビスフェノールFタイプ	低粘度，高伸び率，耐候性	半導体，絶縁ワニスなど
ノボラックタイプ	耐熱性，耐薬品性，耐水性	耐熱積層板，接着剤，粉体塗料，複合材など
臭素化エポキシタイプ	難燃性	積層板，成形材料など

ン臭を有する。

酸無水物系硬化剤は，おもに加熱硬化用に使用され，ポットライフが長く性能がよい。硬化剤の吸湿性に注意が必要である。

〔3〕 **エポキシアクリレート樹脂（ビニルエステル樹脂）**

エポキシ樹脂を（メタ）アクリレート化した樹脂である。

以下に代表的なビスフェノールAタイプのエポキシアクリレート樹脂の構造式を示す。

$$H_2C=C-C-O-CH_2-CH-CH_2-\left[O-\underset{CH_3}{\underset{|}{\overset{CH_3}{\overset{|}{C}}}}-O-CH_2-CH-CH_2\right]_n-O-C-C=CH_2$$

表2.8に示すように原料エポキシ樹脂のタイプにより性能が異なる。

表2.8 エポキシ樹脂のタイプによる特徴と用途

樹脂タイプ	特 徴	用 途
ビスフェノールAタイプ	汎用耐食性，高強度	耐食タンク，ライニング，パイプなど
ノボラックタイプ	耐熱性・耐溶剤性	耐食タンク，ライニングなど
特殊タイプ	接着力（プライマー）	FRP，鉄，アルミ接着，耐熱，空乾性
臭素付加タイプ	難燃性	高難燃，高強度，RTMなど
ビスフェノールタイプ	SMC用	H-SMC，構造部材

耐酸性・耐アルカリ性に優れ，バランスのとれた機械的特性を有する。また，耐水性，接着性，作業性についても優れた特性を示す。用途は，構造材から機能材まで広範囲にわたる。

表2.9に不飽和ポリエステル樹脂（UP），エポキシ樹脂（EP）およびエポキシアクリレート樹脂（EA）の特徴をまとめる。

表 2.9 各種樹脂の特徴

	UP	EA	EP
作業性	◎	○〜◎	△
強度	○	◎	◎
電気特性	◎	○	◎
耐薬品性			
酸	◎	◎	△〜○
アルカリ	×〜○	○〜◎	◎
溶剤	○	○〜◎	△
酸化性酸	△〜◎	○〜◎	×
耐候性	△〜○	△〜○	△
接着性	△〜○	○〜◎	◎
硬化収縮率	7〜10	6〜9	〜5
光硬化性	○	◎	×〜○

◎：十分良好，　○：良好，　△：やや不適，　×：不適

〔4〕 フェノール樹脂

特徴は耐熱性と難燃性で，高温下での長期間の使用に関して強度保持率が高い。また，高い難燃性を有し，燃焼時の煙の発生が少ない。原料がフェノールとホルムアルデヒドで代表されるようにフェノール類とアルデヒド類の反応で製造される。FRPではレゾールタイプが使用される。

硬化剤としては，塩酸などの無機酸，p-トルエンスルホン酸などの有機酸のほかスルホン化フェノール樹脂，燐酸(りん)などを単独使用または併用する。引火性の危険はないので作業上の安全性は高いが硬化時の温度依存性が高く成形時の温度管理が必要であり，硬化時の反応水のため，後硬化も必須である。また，着色の自由度はない。

2.2.2 熱可塑性樹脂

熱可塑性樹脂はポリプロピレン樹脂，ポリエチレン樹脂，ポリアミド樹脂，ポリカーボネート樹脂，ポリブチレンテレフタレート樹脂などが用いられる。また，エンジニアリングプラスチックとして耐熱性が150℃以上の高温でも長時間使用できるものは特殊エンプラ，またはスーパーエンプラと呼ばれており，ポリフェニレンサルファイド，ポリアリレート，ポリスルホン，ポリエー

テルエーテルケトン等がある．熱可塑性樹脂は，おもに短繊維とともにコンパウンド化され，射出成形で使用されるが，スタンパブルシートのようにシート化した板を加熱しプレス成形する．

2.2.3 取り扱い注意事項

消防法，PRTR，労働安全性，保護具などの取り扱いや届出・健康診断などの注意事項があるので，取り扱うときにはラベル表示や**SDS**（safety data sheet）を読んでいただきたい．

2.3 副　資　材

2.3.1 充　填　材

FRP用として使用される**充填剤**（filler）は，製品の用途や成形方法などによって使い分けされ，その種類は主として無機質や有機質などの広範囲にわたる．使用する目的としては，おもに以下のことが挙げられる．

① 成形品の表面性をよくする．
② 成形品の収縮率を下げる．
③ 成形品の熱膨張率を下げる．
④ 価格を下げる．
⑤ 物性の改善（機械物性，耐薬品性，耐熱性，難燃性など）
⑥ 着色性の改善

また，反面，比重が上がる，不透明になるなどの欠点もある．

(ⅰ) 炭酸カルシウム

最も安価で，FRPに一般的に使用される充填剤である．粒度，粒度分布，吸着性などによる各種の炭酸カルシウムがある．コスト改善の増量剤として使用されることもある．

(ⅱ) 水酸化アルミニウム

分子式が$Al(OH)_3$と結晶水が含まれており，210℃以上になると結晶水が放

出されることにより自己消火性としての難燃性を上げる目的で使用される。また，屈折率が不飽和ポリエステル樹脂と近いので，人造大理石など透明感や乳白色付与を目的に使用される場合もある。高充填させるために表面処理したタイプもある。

（ⅲ） **タ ル ク**

耐食用途に使用されることがある。これは，タルクが扁平な形状で，内部への薬液浸透性を遅らせるためである。

（ⅳ） **ガラスフリット**

比較的透明感のある人造大理石に使用される。

アルミナも同様な目的で使用されることがあるが，硬度が高いので型の寿命が短くなる。

（ⅴ） **ガラスフレーク**

樹脂に混合してフレークライニングなど耐食分野でおもに使用される。形状が扁平で，内部への浸透性を遅らせる効果がある。

（ⅵ） **酸化マグネシウム，水酸化マグネシウム**

おもにSMC・BMCの増粘剤として使用される。活性度により増粘速度が変わるため，使用条件に合わせた種類が選定される。

また，難燃性付与剤として水酸化マグネシウムが使用される場合もある。これは300℃以上で結晶水が放出されるので，耐熱性難燃剤として使用される。

（ⅶ） **ナノフィラー**

ナノフィラーは，その優れた特性からエンジニアリングプラスチック分野をはじめとする誘電・絶縁分野での応用に期待が高まっている。ナノテクノロジーは，超微細なナノメートルオーダーの粒子（超微粒子）が，いままでにはない特性を発現する技術のことであり，多くの研究が報告されている。

（ⅷ） **そ の 他**

中空ガラスバルーンやシラスバルーンなどは軽量化を目的に使用されるが，BMCやSMCなどの機械成形で使用される場合は，耐圧強度が高い銘柄を選定する。耐電圧など電気特性の向上にはクレーやマイカが使用される。加飾を目

的にした場合は，着色マイカ，樹脂フィラーや黒ビニロンが使用される。

木粉，パルプ，もみ殻など植物系充填剤は，フェノール樹脂やアミノ樹脂成形材料に使用される。

〔1〕 **充填剤の吸樹脂量**

充填剤に対する樹脂の許容限度量で，各種成形材料やパテなどの配合検討に必要な指数である。充填剤の粒径，粒度，粒度分布などで実際のコンパウンドの粘度が変わるので，下記の方法で測定し，最適配合を求める。

吸樹脂量の測定方法は，JIS K 5101-12-2（2004）の吸油量測定に準じ，アマニ油の代わりに樹脂を使用して，次式から求められる。

$$吸樹脂量 = \frac{使用した樹脂量〔cc〕}{充填剤量〔g〕} \times 100 \tag{2.1}$$

表 2.10 に各種充填材の吸油量を示す。

表 2.10 各種充填剤の吸油量（目安）

充填剤	吸油量〔cc/100 g〕
炭酸カルシウム	30～36
水酸化アルミニウム	45～55
アルミナ	69～73
タルク	60～70
クレー	60～70
ガラスパウダー	15～47
シリカ（エロジル）	190～210

〔2〕 **収　縮　率**

樹脂は液体から固体に変化する際に一般に体積が減少する。この縮んだ比率のことを**収縮率**と呼ぶ。一般的に充填剤添加量を増やすと収縮率は低下し，表面平滑度の改善や剛性の向上が見られる。樹脂の収縮率は体積収縮率で表すことがあり，硬化前と硬化後の樹脂の比重で計算される。線収縮率を測定する場合もある。成形材料の場合は，成形収縮率で測定する。

SMC や BMC などの収縮率を低下させるには無機質系充填剤だけでなく，ポリスチレンや酢酸ビニルなどのポリマーも低収縮剤として樹脂と併用される。

〔3〕 その他注意点

充填剤の種類によって樹脂の硬化に悪影響を及ぼす場合があり，また，水分はSMCの増粘性に影響を与えるため，選定と管理が必要である。

2.3.2 硬化剤，促進剤

一般的なFRPで使用される不飽和ポリエステル樹脂の硬化については，有機過酸化物と促進剤（金属石鹸）とでレドックス反応が始まり，不飽和ポリエステル中の不飽和基とスチレンモノマー中のビニル基の架橋が始まったときにゲル化する。成形終了までの一定時間はゲル化せず，ゲル化後はできるだけ早く硬化（キュア）する。最終的には完全硬化することが重要で，そのためには硬化剤，促進剤，重合防止剤の最適組合せが重要である。

〔1〕 有機過酸化物

有機過酸化物は，ハンドレイアップやスプレーアップなどの常温硬化系，50～100℃での成形や高温硬化系との併用で使用される中温硬化系，引き抜き・SMC・BMCなどの高温成形で使用される高温硬化系の有機過酸化物があり，活性酸素量や半減期温度などを見て選択するが，詳細は各有機過酸化物メーカーの技術資料[35],[36]を参照していただきたい。

〔2〕 硬化発熱曲線

不飽和ポリエステル樹脂を使用する場合に硬化を示す重要な指標となるが，JISの測定法では時間と温度をグラフ化（硬化発熱曲線）し，規定温度になったときの時間をゲル化時間（GT），最小硬化時間（CT）と呼び，硬化の一番のピーク時の温度を最高発熱温度（PET）と呼ぶ。硬化剤や促進剤の種類・量により変化するが，実際の成形現場では気温により硬化剤や促進剤の量（場合によっては禁止剤の量）を調整することが良品を生産する上で重要である。

〔3〕 不飽和ポリエステル樹脂以外の硬化剤

エポキシ樹脂，フェノール樹脂などの硬化剤については，2.2節の樹脂のところに簡単に記載してあるが，詳細は各メーカーの技術資料を参照願いたい。

2.3.3 離型剤

〔1〕 常温硬化用

一般的にはワックス状の離型剤が使用される。樹脂型表面に十分塗って磨き上げることが大事である。ポリビニルアルコールを使用する場合もある。

シリコーン系は成形品に塗装する場合，はじく可能性があるので注意する。

〔2〕 加熱成形用

型を加熱して使用する場合，一般的に金型が使用され，SMCやBMCなどは内部離型剤が添加されているので，成形開始時のみワックスを塗布すればよい。一般的にはフッ素系離型剤を水で薄めてスプレーする。

2.3.4 着色剤

粉末顔料を樹脂バインダーでトナー化した着色剤（トナー，ゲルコート）を添加するが，ハンドレイアップなどでは型に直接ゲルコートとして塗布している。この場合のバインダーとしては一般的に不飽和ポリエステル樹脂が使用される。

用途によって耐候性や耐水性など要求性能が異なるので，メーカーと相談して最適な顔料・ゲルコートを選定する。

2.3.5 助剤（消泡剤，減粘剤，紫外線吸収剤）

FRP製造の際，樹脂と硬化剤・促進剤などの混合時やスプレー時に空気を巻き込む。SMCやBMCのコンパウンディング時にも巻き込んでしまう。空気を巻き込んだ場合，機械的強度の低下の原因となるので速やかに系外に排出するために消泡剤が使用される。また，充填剤添加などによる粘度の増加はガラス繊維との濡れ性に影響があり強度低下の原因となるので，充填剤の表面処理剤として減粘剤が使用される。

製品が長期に屋外で使用される場合，表面がしだいに黄変したりガラス繊維が露出してくる場合がある．耐候性が必要な場合，表面の劣化を抑えるのに紫外線吸収剤を添加すると効果がある．種類としては，ベンゾフェノン系，ベンゾトリアゾール系，シアノアクリレート系などがあるが，硬化系によっては著しく着色したりするので事前に検討する．

2.3.6 低収縮剤

不飽和ポリエステル樹脂は，硬化の際に 7～10％の体積収縮を生じる．この収縮がクラックや反りなどの欠陥の原因となる場合があるので，低収縮剤を添加することがある．また，SMC や BMC などの成形材料では寸法精度が求められるので，添加される．一般的に低収縮剤には熱可塑性樹脂が使用され，ポリスチレン系，ポリ酢酸ビニル系，PMMA 系，ゴム系などが使用される．樹脂との相溶性，着色性，機械的物性などにも影響があるので適正な樹脂を選定する必要がある．

表 2.11 に代表的な低収縮剤の成分と，その特徴を示す．

表 2.11　代表的低収縮剤と特徴

	ポリメチルメタクリレート (PMMA)	ポリスチレン (PS)	ポリ酢酸ビニル (PVAc)	ポリエチレン (PE)	ポリカプロラクトン (PCL)	飽和ポリエステル (Pes)	スチレン-ブタジエン共重合体 (SBS)
低収縮効果	○	△	◎	×	○	○	◎
平滑性	○	○	○	○	△	○	◎
色ムラ	△	○	×	◎	○	◎	○
塗装性	△	×	○	×	○	◎	○
機械的強さ	○	△	×	△	△	○	○
靭性	×	×	×	△	○	○	◎
相溶性*	×	×	○	×	○	◎	×
耐水性	○	○	×	○	△	△	○

◎：十分良好，　○：良好，　△：やや不適，　×：不適
＊　不飽和ポリエステル樹脂との相溶性

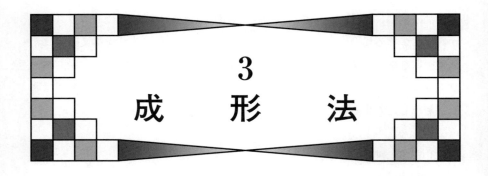

3 成形法

3.1 成形法の基礎[1)〜7)]

3.1.1 概　　要

FRP成形法には，①成形材料の形状による分類，②成形温度による分類，③成形圧力による分類，④成形工程，操作による分類などがあるが，本書ではおもに成形工程，操作による各種成形法の概要を説明する。成形に際しては，設計上の留意点，成形工程，作業管理，成形品損傷の原因と対策および環境対策が必要である。

鋼製や熱可塑性プラスチック製品は，素材メーカーが原料から材料を作り，製造メーカーがその材料を成形して製品を作るのが一般的である。しかし，FRP製品は，原料の繊維強化材にマトリックス樹脂を含浸させる各種成形法で，化学反応による硬化を行って製品を成形する（**図3.1**）。そのため，FRP

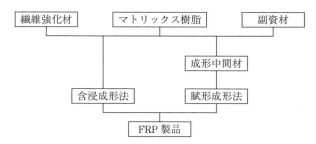

図3.1　FRPの原材料から製品までの工程

複合材料では，原材料と成形法の選択が性能に大きく影響を与えるので，製作者および設計施工者は成形法を熟知する必要がある。

3.1.2 成形法の選択

通常，FRP 成形は"もの"を作ると同時に"材料"を作る。"もの"の性能は，成形品の形状と使用する構成材料の性質で左右される。この二つの重要な"形と材料"の要因を同時に生み出す工程であり，成形法によって"成形品の価格"が変わる。したがって，どのような方法で作るかは，"もの"の形状および大きさ，設計された FRP の性能，作る数量，価格などを十分に考えて決めなければならない。成形法（**表 3.1**，**表 3.2**）の選択は企画段階で十分に検討しておく必要があり，誤った選択は製品の競争力を弱め製品開発を失敗に導く結果にもなる。

3.1.3 成 形 材 料

FRP 成形に用いる原材料は，強化材とマトリックス樹脂に分けられる。強化材の基本形は繊維の束であり，マトリックスは粘性を有した液体である。原材料の形態が，FRP の性能を決定するとともに作り方に大きな影響を与える。

表 3.1 製品形状，生産規模別成形法の例

製品形状	生産規模	成形法
容器状	小量（20～500 個/月）	ハンドレイアップ法，バッグ法，オートクレーブ法，インフュージョン法
	中量（200～2 000 個/月）	スプレーアップ法，コールドプレス法，RTM 法
	大量（1 000～20 000 個/月）	MMD 法，SMC 法，BMC 法
円筒状	小量	FW（バッチ式）法，テープラップ法，遠心法
	大量	FW（連続式）法，遠心法（連続バッチ式）
断面一定形状	生産量関係なし	引抜法，連続パネル法
密閉形状	生産量関係なし	回転法

3. 成形法

表 3.2 FRP 成形法別出荷統計（強化プラスチック協会）

分類 \ 年度	1980 (S55年)	1996 (H8年)	2004 (H16)	2014 (H26)
ハイドレイアップ成形法	44	18	18	19
スプレーアップ成形法	10	21	12	7
SMC 成形法	20	43	52	43
BMC 成形法				12
MMD・コールドプレス・RTM 成形法	6	4	2	1
FW 成形法	7	5	7	9
連続成形法（パネル成形法）	11	3	5	1
連続成形法（引抜成形法）				6
その他*	2	6	4	2
合計〔％〕	100			100
FRP 出荷量〔トン〕	218 900	479 500	342 400	212 039

* インフュージョン法，VaRTM 法，プリプレグ/オートクレーブ法ほかを示す。

〔1〕 **強 化 材**

強化材（JIS R 3410 など）の形態は，ダイレクトロービング及びトウ，合糸ロービング，チョップドストランド，チョップドストランドマット，コンティニュアスストランドマット，クロス，ニット（多軸織物）などがあり，その形態が材料としての FRP の性能を決定する。

〔2〕 **マトリックス樹脂**

FRP のマトリックス（母材）は固体であり，固体になる前の液状のマトリックスをマトリックス樹脂あるいは単に樹脂と呼ぶ。マトリックス樹脂は，機械的性質には大きな影響を与えないが，物理的および化学的性質を決定する要素である。液状の性質は，成形に大きな影響を与える重要な要因である。液状樹脂の性質には，粘度，揺変性（チキソトロピー），硬化特性（ゲル化時間，硬化時間，最高発熱温度など），硬化収縮率，空気硬化性，外観，色相，臭いなどがあり，日本工業規格（JIS K 6901，JIS K 6919 など）に規定されている。

〔3〕 **FRP 用の成形材料**

FRP 用は，作業性などを改善向上するためにプリフォーム（予備成形材），SMC，BMC（プリミックス），プリプレグ（繊維に樹脂を含浸させたシート）

などの中間材を採用する場合がある。プリプレグは，強化材に硬化剤を調合したマトリックス樹脂を含浸させ，流動性や粘着性を最適化し取り扱いをよくした中間材で，一方向プリプレグ，プレプライプリプレグ，ファブリックプリプレグ（織物プリプレグ），ストランドプリプレグなど[6]があり，真空（減圧）バッグ法，オートクレーブ法，プレス法，FW法などに採用され，CFRP製先端複合材料の成形に多く適用されている。

〔4〕 **FRTP用の成形材料**

FRTP用の成形材料には，ペレット状，シート状の熱可塑性樹脂およびスタンバブルシートなどがあり，射出成形，押出成形，圧縮成形，移送成形，真空成形などで成形する。

〔5〕 **副　資　材**

副資材には，触媒，促進剤，充填剤，助剤（脱泡剤，紫外線吸収剤），離型剤，着色剤，難燃剤，低収縮剤および芯材（ハニカム，発泡体，複合マット）などがあり成形法および製品用途で使い分ける。

3.1.4 成　形　型

FRP成形では，型がなければ成形できない。型は，その役割により成形型，および原型，マスターモデル，治具などに分類される。

成形型の機能は，製品の形を決め，成形条件を一定に保ち，再現性を高め，経済性を高めるなどであり，形態から開放型（オープンモールド）と密閉型（クローズモールド），また使用温度領域によって常温型と加熱型に分類され，基本的構造は，開放型か密閉型，あるいは製品形状が単純容器か，圧力容器かで決められる。型は，製品形状を形成する部分（キャビティ），製品外寸を決める部分（型の種類によりピンチオフと呼ばれる），型の作用する外力を負担する部分，型の取り扱いに関する部分，硬化条件をコントロールする部分で構成される。図3.2に典型的な圧縮成形型のピンチオフ構造例を示す。

また，材質については，一般的にFRP製の樹脂型と鋼製の金属型があるが，アルミニウム，木材，石膏（こう），フォーム材，ゴム，各種フィルムも利用される。

42　3. 成　形　法

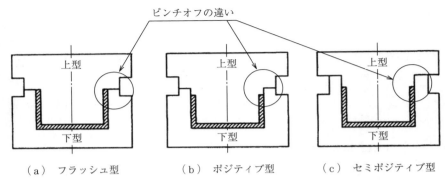

図 3.2　圧縮成形型の基本的ピンチオフ構造[7]【出典：強化プラスチック協会：だれでも使えるFRP ― FRP入門, p.84 (2002)】

3.1.5　成　形　技　術

　成形は，原材料と型を用い，成形の3要素（含浸，賦形，硬化）の管理および構造の自由度である。成形は，材料によってシート状の素材を積層する積層成形とペレット状などの素材を型に入れて成形するコンパウンド成形に分けられ，成形面が開放型か密閉型かによって成形の作業環境が変わる。

　含浸は，強化材にマトリックス樹脂を浸透させる現象である。含浸は段階的に進行し第1段階は強化材のまわりの空気がマトリックス樹脂と入れ替わる。これを**ウェットスルー**（wet-through）と呼ぶ。つぎにストランドの中のフィラメント1本1本の周囲の空気が樹脂と入れ替わる。これを**ウェットアウト**（wet-out）と呼ぶ（JIS R 3410 ガラス繊維用語）。ウェットアウトは，完全に繊維の周囲に空気がなくなったことを意味するが，実際は樹脂減圧注入法などの特殊な場合を除き皆無に近い。したがって，実際の含浸はウェットアウトの途中で終了することになる。含浸の程度が，成形品の用途により重要となるので成形法の選択の際には考慮する。

　賦形については，その方法と精度が重要である。賦形方法には① 積み重ね（重力），② 巻き付け（張力），③ 注入（流体圧力），④ 与圧（圧縮，加圧または減圧），⑤ 流動（圧縮，射出，押し出し），⑥ 遠心力，⑦ 張力（引張り，引

抜き）などがある。賦形精度は複合材料の再現性に最も重要である。成形品の各種性質，また厚さ，長さ，変形などの寸法精度，そして，これらの再現性が賦形の要素に依存する。

硬化（安定化）は，硬化剤を用いた加熱による硬化が基本であり，室温で成形する場合も室温の熱を利用している。熱以外には，紫外線，可視光線，高周波，電磁波，放射線などによる硬化がある。つぎに，熱を利用する成形の硬化温度範囲は，① 15℃～25℃（室温硬化），② 40～60℃，③ 90～110℃，④ 130～150℃，⑤ 180～200℃，⑥ 230℃以上などに分けられる。

FRP 構造の自由度には，積層構造（異方性材料）と単一構造（等方性材料）があり，FRP 成形の最も大きな特徴の一つは，① 単板（一般の板状構造），② サンドイッチ板，③ スチフナ付き単板，④ リブ付き単板，⑤ ボス付き単板などでその構造を比較的自由に選べることである。また，成形品の形状には，板状，棒状，管状，球状（開放部分がある容器），箱状（一面が開放されている箱），格子構造板（グレーチングなど）などがある。

3.1.6 後加工

〔1〕加工

FRP 材料の特徴は，加工せずに成形で済ませることであり，加工工程は最小限とする。FRP の二次加工は，切断加工，孔開け加工，研削加工，研磨加工，および接合であり，可能なものは自動化，ロボット化する。

切削加工は，旋盤およびフライス盤である。切断加工には，丸鋸，バンドソー，シャーリング，ウォータージェット，レーザー光，セーバーソーなどがある。孔開け加工には，ドリル，ホルソー，エンドミル，リュウーターなどがある。研磨加工にはサンディングで，ディスクサンダー，サンドペーパー，金やすり，回転型サンダー，振動型サンダーなどがある。

〔2〕接合

FRP 成形は一体構造にすることが望ましいが，なんらかの条件で接合を行う場合がある。接合には接着接合と機械的接合があり，単独であるいは複合し

44　3. 成　形　法

て利用する。

　FRPどうしの接着接合は，硬化したFRPどうしを接着剤で接合する方法，硬化したFRPの上に二次積層して接合する方法，未硬化の積層物の上に硬化したFRPを載せて接合する方法などがある。また，接合の構造で，**突合せ接合**（butt joint），**重ね合わせ接合**（lap joint），**そぎはぎ接合**（scarf joint），**T型接合**などがある。

　接合の留意点としては，接着接合面を十分サンディングし，水，油，粉塵を取り除く。オーバーレイアップ厚さは，強度が重要視される場合には板厚と同等以上とし，長さは，第1層目が最も短く，徐々に長くし，最終チョップドマット層が最も長くなるようにする。オーバーレイアップの最終チョップドマットの最終幅および長さ，厚さは別に定める。図3.3に突合せ接合のオーバーレイ積層の基本を，表3.3に各種接着接合法の接着強度を示す。

　FRPどうし以外の接合には，FRPと塩化ビニル（プラスチック），FRPと金属，FRPと木材，FRPとハニカムなどがある。この場合にはプライマーを使用する場合がある。

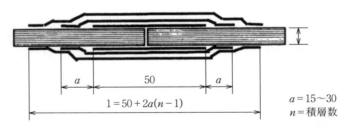

$a = 15 \sim 30$
$n = $ 積層数

図3.3　突合せ接合のオーバーレイ積層の基本[7]【出典：強化プラスチック協会：だれでも使えるFRP ― FRP入門，p.97（2002）】

表3.3　各種接着接合法の接着強度[7]【出典：強化プラスチック協会：だれでも使えるFRP ― FRP入門，p.97（2002）】

接　合　の　形　状	引張破断強度 P 〔kgf〕	引張強さ σ 〔MPa〕	せん断強さ τ 〔MPa〕	荷重保持率 P/P 〔%〕	強さ保持率 σ/σ 〔%〕
	11 700	166.6	―	100	100

表 3.3 （続き）

形状	寸法				
(1000 / 12 / 90)	4 110	61.6	3.3	35.2	36.7
(400-200-400 / 24 / 90)	2 650	39.2	3.2	22.7	23.4
(400-200-400 / 24 / 90)	3 160	47.1	2.6	27.1	28.3
(500-400-500 / 26.5 / 90)	6 870	92.5	1.4	58.9	55.3
(300-300 / 21 / 90)	6 540	91.8	1.3	56.0	55.1
(50 / 260 / 1000 / 12 / 90)	6 760	88.7	5.5	58.0	53.3
(50 / 250 / 13 / 90)	9 710	127.0	3.5	83.0	76.1

協会誌「強化プラスチックス」Vol. 20, No. 11 より
(注1) 図中 ▨ 部は二次積層またはオーバーレイの部分を示す。
(注2) 試験片のガラス構成は MR 組合せ。
(注3) 接着面積は各層の接着部を含めた総面積で計算してある。

3.2 ハンドレイアップ成形法

ハンドレイアップ（**HLU**）成形法 (hand lay up molding method)（図 3.4）は，強化材に樹脂を含浸させながら所定の形と厚さに手作業で積み重ねて製品を作る成形法である。FRP の基本成形法であり，**手積み積層法**あるいは**接触圧成形法** (contact pressure molding method) ともいわれ，1953 年にわが国に FRP が紹介された当初はほとんどがこの成形法であった。

多品種少量から大型製品，寸法精度が緩やかな製品，形状が複雑な製品，機械化が困難な製品，ゲルコート（型の中にゲル状の樹脂をコーティングして成形する方法）製品，耐食層を有する耐食 FRP 機器など，また見本試作品の成形に利用される。

ハンドレイアップ積層成形は，離型剤処理した雄型または雌型の開放型に，

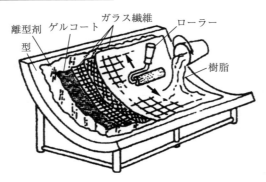

図 3.4 ハンドレイアップ成形法の原理図[7]【出典：強化プラスチック協会：だれでも使える FRP — FRP 入門，p. 87（2002）】

ゲルコートを塗布してゲル化させ，ガラスチョップドストランドマット，ガラスロービングクロス，ガラスクロス，ニットなどをあらかじめ一定寸法に裁断した強化材をセットし，接触圧でローラーや刷毛などで硬化剤を混合した樹脂を塗布含浸させながら脱泡し，必要な厚さになるまで強化材を載せ含浸および脱泡，賦形して常温または中温で硬化させる工程を手作業で行う。

樹脂は，重合反応の反応熱で常温硬化するので，積層が終わったら室温で放置するか，あるいは加温放置し後硬化を促進する。

人手作業のためスチフナなどの局部補強や金属部品のインサートが可能である。耐食 FRP 製品は耐食層を成形するためゲルコート作業を行わない。

ゲルコートとは，各種の成形法に利用され成形品表面の美観や耐薬品性，耐候性などの保護を目的に行う FRP 本体のマトリックスと一体化する加飾法の一つで，その樹脂には型用と製品用がある。

装置（器具）には，成形型，ローラー，刷毛，ゲルコーター，硬化炉，塗装ブース，除塵ブース，コンプレッサー，空調設備などがある。型は開放型（本型），簡易雌型で，材質は FRP，木材，石膏，発泡体などである。

特徴は，単品からの生産に対応でき，多品種少量生産に適し，船体のような非常に大きな製品が成形できることである。樹脂，強化材の組合せが自由で材料設計が容易であり，複雑な形状の成形ができる。ゲルコートが可能で片面表

面の意匠性に優れ，耐食性などの特殊機能を賦与できる。設備の投資額が少なく，生産準備期間が短く，設計変更に比較的容易に対応できる。しかし，技能依存度が高く，製品に厚みや強度のばらつきが生じ，歩留まりが悪く，管理が難しい。作業環境が悪く，有機溶剤中毒予防規則，粉塵障害防止規則，作業環境測定法などの規制対象となる。機械化・省力化が困難で，大量生産には適さず，一度に成形できる厚さが制限される。

ハンドレイアップ成形法は手作業のため1974年に制定された技能検定制度[8]があり，合格すれば技能士として国から認定される。現在は，手積積層成形作業（1級，2級，3級，基礎1級，基礎2級），ビニルエステル樹脂積層防食作業（1級，2級），エポキシ樹脂積層防食作業（1級，2級）の3作業内容に改正されている。

応用例には，ボート，ヨット，漁船，飼料用タンク，パイプ，タンク，容器などの耐食機器などがある。

3.3 スプレーアップ成形法

スプレーアップ（SpU）**成形法**（spray up molding method）（**図3.5**）は，スプレーアップ装置を用いて，成形型に強化材を切断しながら樹脂と同時に吹き付ける成形方法である。吹付け積層成形法ともいわれ，ハンドレイアップ成形法と同工程であり，生産性向上のために樹脂とロービングの供給を機械化した

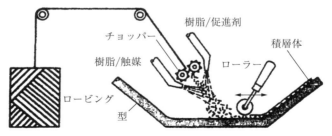

図3.5 スプレーアップ成形法の原理図[7]【出典：強化プラスチック協会：だれでも使えるFRP ― FRP入門，p.89（2002）】

もので，ハンドレイアップ成形法と併用する場合もある。機械化装置は1950年代に輸入され，その後，スプレーアップ機も種々開発され国産品も販売された。

スプレーアップ機の種類と型式は，ロービング切断部（ガンヘッドカッター，ホース供給），樹脂供給部（ポンプ式，圧送式），硬化剤部（2頭式，ガンヘッド）により種々あり，吹き付け方式が2種類，混合方式が3種類ある。スプレーアップ機は，カットしたチョップと吐出した樹脂が型に到達する前に合致する機械の選定がポイントになる。

積層成形作業については，離型剤処理した雄型または雌型の開放型に，ゲルコートを塗布してゲル化させ，その上にスプレーアップ機でロービングを連続的に規定長さ（25 mm）に切断しながら硬化剤を混合した樹脂を同時に規定厚さまで吹き付けてローラーなどで押さえ含浸および脱泡，賦形して常温または中温で硬化させる工程を手作業で行う。

樹脂は，重合反応の反応熱で常温硬化するので積層が終わったら室温で放置するか，加温放置し硬化を促進する。人手作業のためスチフナなどによる局部補強や金属部品のインサートが可能である。

装置には，成形型，スプレーアップ機，ローラー，刷毛，ゲルコーター，硬化炉，スプレーブース，除塵ブース，コンプレッサー，空調設備などがある。型構造は，開放型で，材質は，FRP，木材，石膏，発泡体などである。

特徴は，安価な基材（ロービング）を使用し，成形速度が速く，自動化も可能で，設備の投資額が比較的少なく，小量から大量（千数百/月）の生産に対応できることである。生産準備期間が短く，設計変更に比較的容易に対応でき，形状に自由度があり，連続した曲面の成形が容易である。ゲルコートが可能で片面表面の意匠性に優れ，耐食性などの特殊機能を賦与できる。しかし，作業環境が悪く，有機溶剤中毒予防規則，粉塵障害防止規則，作業環境測定法などの規制対象となる。スプレー作業の技能依存度がきわめて高く，厚さや強度のばらつきが大きく，原料歩留まりが悪く一度に吹き付ける厚さが小さく，吹き付け形状に制限があり，品質管理が難しい。応用例は，ボート，ヨット，漁船，パイプ，タンク，容器などである。

3.4 バッグ成形法

3.4.1 減圧バッグ成形法

減圧（真空）バッグ成形法（vacuum bag molding method）は，雌型の代わりに，ゴムのような弾性体を用い，雄型と弾性体の間の空気を抜き大気圧で加圧する成形法である。成形方式は，ブリーダーやブリーザー（成形中の余剰樹脂を吸い取るクロス）を使用する場合（図3.6）と使用しない場合がある。成形材料には，プリプレグ材とクロス，ニット材の強化材に樹脂を含浸した湿式材がある。

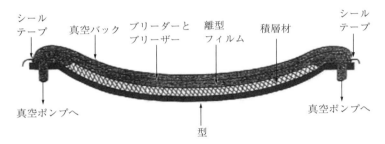

図3.6 減圧（真空）バッグ成形法の原理図[6]【出典：森本尚夫：プラスチック系先端複合材料，p.67，高分子刊行会（1998）】

ハンドレイアップ成形法の成形作業，肉厚の均一化，表面平滑性および機械的性質などを改善した改良技術である。品質が安定し強度に優れた成形品が得られ，厚いコア一層と薄いスキン層から成るサンドイッチ構造で軽量の高剛性を有する成形品に適している。

成形品や使用材料によりいろいろある成形の基本は，開放型を用いてプリプレグ材あるいは湿式材を積層した後，積層体の周囲を清掃して機密シールをセットし，積層体の上にピールプライ（離型材層）およびブリーダー（樹脂吸収材層），ブリーザー（通気材層）をこの順にセットし最後に真空ポンプの接続できるバッグフィルムをセットし，減圧にしながら加熱硬化炉内で積層体内

の気泡を余剰樹脂とともに追い出し硬化成形する。

なお，成形品のサイズ，性能によりブリーダーやブリーザーを使用しない場合は，真空ポンプの取り付け部を閉ざさないように長尺状のブリーザー（ジュート麻）を設ける。

装置には，真空ポンプ，樹脂調合装置，成形型，バッグ，吸引チューブ配管などがある。型構造は開放型，離型材，樹脂吸収材，通気材などの穴あき織物シート，周辺気密シール材など，型材質は板金，FRP などである。バッグ材質は，ポリビニールアルコールフィルム，ナイロンフィルム，天然ゴム，シリコンゴムなどである。

特徴は，残留気泡が少なく，機械的性能，電気的性能に優れ，非常に信頼性，再現性の優れた方法である。積層面が滑らかで，肉厚の変化に対応でき，サンドイッチ構造のコア材との密着性に優れ，大物まで成形できる。しかし，成形速度が遅く，工数が多くかかる。高度に熟練した技能が必要で，品質が左右される。応用例は，航空機部品，電気部品，レーダードーム，ボートハルなどである。

3.4.2 加圧バッグ成形法

加圧バッグ成形法（pressure bag molding method）（**図 3.7**）は，雄型の代わ

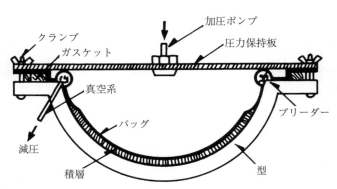

図 3.7 加圧バッグ成形法の原理図[1]【出典：森本尚夫：FRP 成形の実際，p. 110，高分子刊行会（1984）】

りにゴムのような弾性体の袋に空気圧または液圧を加えて成形する方法である．減圧バッグ成形法と同様にハンドレイアップ成形法の改良技術で，減圧バッグ成形法の加圧は，大気圧以上の高圧まで加圧できる成形法である．開放型と加圧バッグを用いた一種の圧縮成形法である．

成形は，雌型にプリプレグ材あるいは強化材に樹脂を含浸した湿式材をセットし，バッグを収縮させて型閉めを行う．型閉めが完了した時点でバックを加熱空気などで加圧膨張させ加熱硬化成形する．

装置には，プレスまたは型クランプ装置，成形型，バッグ，プリフォーム設備などがある．型構造は，開放型，離型材，樹脂吸収材，通気材などの穴あき織物シート，周辺気密シール材など，型材質は板金，構造用炭素鋼などである．バッグ材質はポリエステルフィルム，ナイロンフィルム，天然ゴム，シリコンゴムなどである．

特徴は，肉厚の変化に対応でき，滑らかな曲線の形状の製品に適し，単純な形状であればアンダーカットの製品の成形，外表面の滑らかな円筒の成形，インサート成形ができ，サンドイッチ構造のコア材との密着性に優れている．しかし，熟練した技能が必要で，強化材の選択の幅が小さく，成形速度が遅い．また，装置の大きさによって圧力容器の規制対象となる．

応用例は，航空機部品，電気部品，乗用車ヘルメット，テニスラケット，一体型タンク，コンテナーなどである．

3.5 オートクレーブ成形法

オートクレーブ成形法（auto-clave molding method）（図 3.8，図 3.9）は，型に材料を積層し樹脂系シート，ゴムシートなどで包み，真空脱泡してオートクレーブ中で，不活性ガスによって加熱加圧する成形法である．

真空バッグ法と基本的に同じで成形材料はプリプレグが主体の成形法であり，硬化をオートクレーブ（圧力釜）内で高温，高圧で行う点を改良した成形法で，品質が安定し強度に優れた成形品が得られるため，先端複合材料の成形

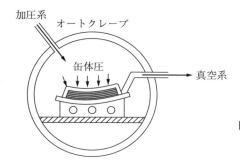

図3.8 オートクレーブ成形法の原理図[7]
【出典：強化プラスチック協会：だれでも使える FRP — FRP 入門, p. 92 (2002)】

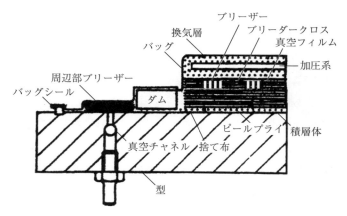

図3.9 バギングの状態図[7]【出典：強化プラスチック協会：だれでも使える FRP — FRP 入門，p. 92 (2002)】

では最も一般的に応用されている重要な成形法である。

　成形は，開放型に，余剰樹脂，空気，ガスなどの通り道となるブリーザーを置き，その上に離型フィルム，必要に応じて二次接着時に剥ぎ取り去るピールプライをセットする。この上にプリプレグを規定形状，規定寸法に裁断し，層間に空気が残らないように必要枚数積層する。つぎに離型フィルムをこの上にかぶせ，余剰樹脂を吸引するブリーダーを載せ，さらに外層のブリーザーを重ね，バッグをかぶせてバギングし周辺を気密にし，真空吸引を行い，装置一式はオートクレーブ内に移動し加熱加圧して硬化，脱型する。

　バギング法には，ブリーダーやブリーザーを使用するブリード型とノンブ

リード型があり，ブリード型は硬化中に余分の樹脂を吸い出し強化材の含有率を増大する方法である．

装置には，オートクレーブ，成形型，シートカッター，自動裁断機，レイアップ装置，低温保管庫などがある．型構造は開放型，離型材，樹脂吸収材，通気材などの穴あき織物シート，周辺気密シール材など，型材質は FRP，板金，構造用炭素鋼などである．バック材質は，ポリイミドフィルム，ポリエステルフィルム，シリコンゴムなどの各種フィルムである．

特徴は，残留気泡がほとんどないため機械的性能，電気的性能および信頼性，再現性に優れ，高品質の成形品が得られることである．多品種少量生産に適し，硬化条件が同じであれば多品種成形品を同時に成形できる．肉厚の変化に対応でき，大型で複雑形状品の成形ができる．積層面が滑らかで，インサート接着ができ，サンドイッチ構造の密着性に優れている．しかし，生産設備費が高く，高度に熟練した技術が必要で自動化が難しく，手作業のため成形速度が遅く成形工数が多くなり生産性が劣る．

応用例は，主翼，尾翼，胴体，舵面などの航空機部品，宇宙関連部品，電気部品，レーダードーム，ボートハルなどである．

3.6 RTM 成 形 法

レジントランスファーモールデイング（RTM）法（resin transfer molding method）（図 3.10，図 3.11）は，合わせ型内に強化材を置き，型に設けられた注入口から液状樹脂を圧入して成形する加圧樹脂注入法である．ハンドレイアップ成形法，スプレーアップ成形法の熟練技能者，作業環境，品質などの課題を改善向上する成形法である．

欧州では **RI 成形法**（resin injection molding method）と呼ばれ，アメリカでは **RTM 成形法**と呼ばれた．日本に 1970 年代に導入された成形法はレジンインジェクション（RI）成形法と呼ばれたが，RI の名称は反応射出成形の **RIM 法**（reaction injection molding method）との区別のため，現在では RTM

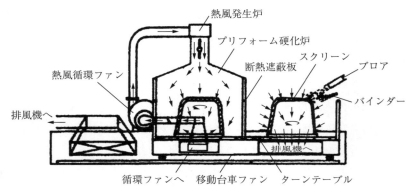

図 3.10 プリフォーム工程原理図(シャトル式プリフォーマー)[7]【出典:強化プラスチック協会:だれでも使えるFRP — FRP入門,p.91 (2002)】

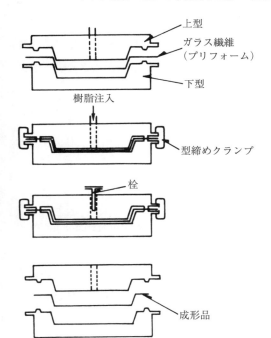

図 3.11 RTM法の原理図[1]【出典:森本尚夫:FRP成形の実際,p.141,高分子刊行会 (1984)】

法と一般的に呼ばれている。RTM法などの **LCM**(liquid composite molding)法の分類[9]には,成形型からの分類,供給含浸からの分類,材料からの分類,その併用からの各種分類がある。

3.6 RTM 成形法

RTM 成形法は，バッチ式で簡易密閉型を用いた樹脂圧入法で，常温無圧で硬化成形する。その際，真空減圧吸引を併用する場合を **VARI 成形法**（vacuum assisted resin injection method），**VaRTM**（vacuum assisted resin transfer molding）**法**，**VRTM**（vacuum RTM）**法**，**LRTM**（light RTM）**法**と称している。

簡易密閉下型に必要に応じてゲルコート後，その上にプリフォームなどの強化材をセットし，型閉め雄雌の型を相互にクランプする。適切な位置に配置した注入口から硬化剤を混合した樹脂を圧注入（RTM 法または RI 成形法），または低圧注入で真空減圧吸引法（VARI 成形法，または LRTM 法）を併用し，常温無圧で硬化，脱型する。なお，VARI 成形法，VaRTM 法，LRTM 法では，薄い FRP やゴムなどの簡易型を使用する。

RTM 法には，メリーゴーランド方式，シャトル方式，タンデム方式，ノンプリフォーム方式の四つの方式がある。

装置には，プリフォーマー，成形型，樹脂調合装置，型締め機，樹脂注入機，真空ポンプ，バインダー調合装置，型搬送装置，空気圧縮機などがある。型構造は密閉型（ソフトピンチオフ），型材質は鉄鋼，FRP，ゴム，ニッケル電鋳などである。

特徴は，作業は熟練者を要することなく，信頼性および再現性が高く，クローズド成形のため作業環境がよいことである。多品種の少量から中量生産に適し，大型製品を成形でき，両面が平滑で，寸法安定性がよく，インサート，サンドイッチ，ハット形スチフナの一体成形ができる。しかし，トリミングでロスが多く，大物の場合に型数が多く，型が重く，移動および荷役設備が必要で，FRP 型はメンテナンスが必要となる。

応用例は，バスタブ，ユニットバス，防水パン，洗面カウンター，小型浄化槽，クーリングタワー，水タンク，建築用パネルなどの建築資材，ボート，ヨット，サーフィンなどの船舶，乗用車外板，エンジンフード，バンパーなどの自動車部品，建設機械および医療用機械のハウジング，窓枠，エアコンのダクトなどの車両部品，航空機部材，パラボラアンテナ部材などである。

3.7 インフュージョン成形法

インフュージョン成形法(infusion molding method)は(**図3.12**),バッチ式で下型は高剛性で,上型はフィルム,ゴムなどの簡易密閉型を用いて型内を減圧にして樹脂を真空吸引し,常温無圧で硬化する減圧樹脂注入法である。

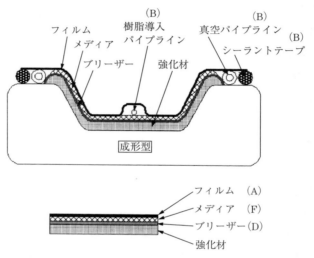

図3.12 インフュージョン成形法の原理図[10]【出典:産業技術サービスセンター:新版 複合材料・技術総覧, p.316(2011)】

RIMP成形法(resin infusion molding method),**VIP成形法**(vacuum infusion method)などとも呼ばれ,1940年代にヨーロッパで開発された**マーコ法**[1](Marco method)(真空樹脂吸上含浸成形)の応用技術で,1990年代欧米で開発されたRTM成形法のVARI成形法を改良した**減圧樹脂含浸成形法**(vacuum bagging for resin infusion method)である。1995年の米国SPI大会で「SRIMシステム:SCRIMP™(Seemann Composites Resin Infusion Molding Process)」として発表され,日本では2000年代に実用化された。品質の優れた大型成形品の成形法である。VaRTM法,VRTM法をインフュージョン成形

3.7 インフュージョン成形法

法と呼ぶこともある。

成形は，下型は高剛性で，上側にはフィルムを用いて気密性を保ち，下型の上に必要であればゲルコートを塗布してゲル化させ，その上に強化材（ニットなど）を配置し，その上にピールプライ，ブリーザー，ニットやメッシュのフローメディア（樹脂流動媒体）を載せて，気密性の上型として**シーラーフィルム**（sealer film）で密封する。次いでフィルムと下型の中間を真空減圧し，所定の真空圧に達した時点で硬化剤を混合した樹脂を周囲から吸引賦形し，硬化，フィルムなどを剥がし脱型する成形法で，大型の厚物製品に適している。重要なことは，樹脂を移動し強化材に含浸させるフローメディアの選択にある。強化材としてはコンティニュアスマット（連続繊維），あるいはマルチアクシャルファブリック（多軸織物，図3.13）の使用が良好である。

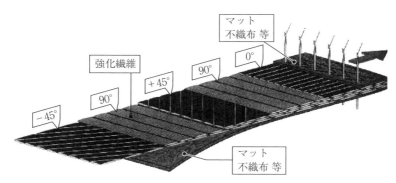

図3.13 強化材用マルチアクシャルファブリック[10),11)]
【出典：福井ファイバーテック株式会社，資料】

装置には，真空ポンプ，樹脂タンク，各種配管類などがある。成形型は，開放型，上型にフィルム，ゴムを併用することにより密閉型，真空用・樹脂注入用チューブ，ピールプライ，フローメディア，ブリーザーなどの穴あき織物シート材，周辺気密シール材など，型材質はFRP，ゴム，発泡体などである。

特徴は，設備投資額が少なく，多品種少量生産が可能で，作業環境に優れていることである。強化材含有率の高い，高品質の成形品が可能で，信頼性および再現性に優れている。厚物（約400 mm）大型，サンドイッチ，インサート

などの製品が成形できる。しかし，上型にシリコンラバーを使用しない場合は工程内廃棄物が発生する。

応用例は，風力発電用のブレード，掃海艇，舟艇などの大型成形品である。

3.8 MMD 成形法

マッチドメタルダイ（**MMD**）成形法（matched metal-die molding method）（**図 3.14**，**図 3.15**）は，金型の間に成形材料を入れ，金型を閉じて加熱加圧する成形法である。MMD 法とも呼ばれ，日本語名としては「緊密押込み金型成

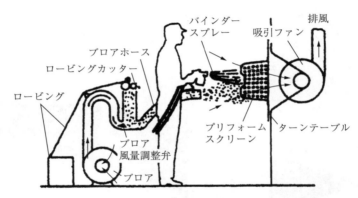

図 3.14　プリフォーム工程図[7]【出典：強化プラスチック協会：だれでも使える FRP — FRP 入門，p.89（2002）】

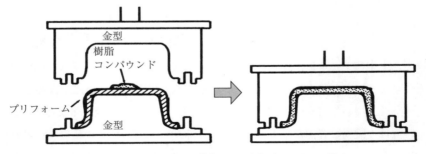

図 3.15　MMD 成形法の原理[4]【出典：強化プラスチック協会：FRP ポケットブック，p.35（1997）】

3.8 MMD 成 形 法

形法」と呼び，1960年代後半にSMC成形法が開発されるまでは，FRP成形の中では最も古い成形法の一つであり，均一な品質を持った製品を量産化するのに適し，多くの製品に応用された機械成形法の中心となる技術であった。

なお，MMD成形法は，ホットプレス成形法として分類される場合もあるが，常温成形のコールドプレス成形法もMMD成形法に加えた。

MMD成形法には，プリフォーム工程とプレス成形工程がある。成形工程には，強化材にチョップドストランドマット，コンティニュアスストランドマット，ロービングクロス，ニットファブリックなどを成形品に近い形状に裁断して使用するマットマッチドダイ成形法とプリフォームを使用するプリフォームマッチドダイ成形法の2方式がある。

プリフォーム工程は，ガラスロービングを切断しながら成形品と同一形状のスクリーン上に吹き付け，吸引力によってスクリーン面に付着させ，プリフォーム用バインダーで固めプリフォームを作る。熱可塑性樹脂の二次バインダーを使用したマット形態強化材は加熱してバインダーを軟らかくして賦形，冷却を型内で行う。

成形工程は，プレス機に取り付けた精密な金型（マッチドメタルダイ）に強化材をセットし，その上から樹脂，硬化剤，充填材，内部離型剤，着色剤などを混合したコンパウンドを加え型閉めプレスし，加熱加圧硬化する圧縮成形法である。

装置には，プリフォーマー，プレス，金型温度調節器，金型，樹脂調合装置，バインダー調合装置，金型搬送装置などがある。型構造は，加熱密閉型で，型材質は，構造用炭素鋼，鍛鋼，鋳鋼，鋳鉄などである。

特徴は，ガラス繊維の流動を伴わないので強度のばらつきに関し信頼性および再現性が高いことである。圧縮成形法の中で大型の成形ができる。成形に熟練を必要とせず，自動化，省力化することができる。他の成形法に比べて比較的成形サイクルが短く生産性が高い。クローズドモールド成形法なので有機溶剤臭が少ないなど作業環境が良好である。しかし，プリフォーム設備の投資が必要である。表面の平滑性がSMCやBMCに劣る。

応用例は，マットマッチドダイ法は，コンテナパネル，パネルタンクなどであり，プリフォームマッチドダイ成形法は，浄化槽，椅子，安全帽などである。

ここで，**コールドプレス成形法**（cold press molding method）について説明する。コールドプレス成形法は，熱伝導率の小さい合わせ型（FRP型）を用い樹脂の硬化時に発生する反応熱を利用して硬化させる圧縮成形法である。MMD成形法が高温加熱で成形するのに対し，コールドプレス成形法は成形温度が常温から中温で，硬化成形する。

MMD成形法と強化材および樹脂などは同じで，プレスに取り付けた成形型に強化材をセット，その上から樹脂，硬化剤，充填材，内部離型剤，着色剤などを混合したコンパウンドを加え型閉めプレスし，常温加圧硬化する成形法である。

コールドプレス成形法は，保温性のよい簡易型（FRP型）を用い，常温で成形する方法のためMMD成形法とは区別される。しかし，コールドプレス成形法の低圧で成形できる利点を活用してMMD成形法に分類する場合もある。

装置には，プリフォーマー，プレス，成形型，樹脂調合装置，バインダー調合装置，型搬送装置，コンプレッサーなどがある。型構造は密閉型（ソフトピンチオフ），型材質はFRP，ニッケル電鋳などである。

特徴については，ガラス繊維の流動を伴わないので強度のばらつきに信頼性および再現性の高い成形法である。圧縮成形法の中で最も大型の成形が可能である。ゲルコートが成形できる。しかし，成形サイクルが長く，自動化が困難である，プリフォーム設備の投資およびFRP型はメンテナンスが必要である。表面の平滑性がSMCやBMCに劣るが，品質のばらつきが少ない。トリミングが必要で，マットFRP以上の性能は困難である。

応用例は，ボート，バスタブ，浄化槽，防水パン，水タンクなどである。

3.9 SMC成形法

シートモールディングコンパウンド（**SMC**）**成形法**（sheet molding

compound method)（**図3.16**，**図3.17**）は，金型の間にSMC成形材料を入れ，金型を閉じて加熱加圧する成形法である．

1960年代に欧州で開発された後，その特徴が認識され，ハンドレイアップ

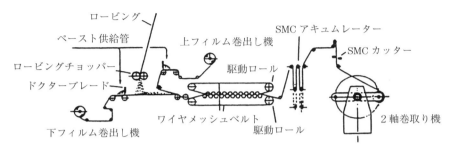

図3.16 SMC製造工程[4]【出典：強化プラスチック協会：FRPポケットブック，p.41（1997）】

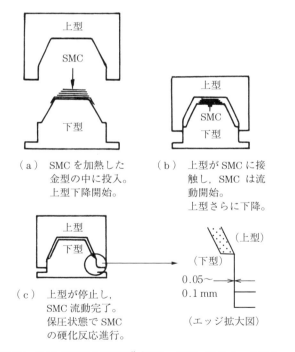

図3.17 SMC成形法の原理図[2]【出典：強化プラスチック協会：強化プラスチック成形材料，SMC編，p.30（1989）】

成形法，MMD成形法などの作業性の改善のため，1970年代に日本に導入された古くからあるプリプレグ技術の進歩したもので，型物機械成形の中心的成形法（表3.2参照）である。

SMC成形法には，SMC製造工程とプレス成形工程がある。SMCは，成形メーカーが自社内で連続的に製造する場合と材料メーカーより購入する場合がある。

SMCの製造は，ロービングを切断（13～25mm）し，樹脂，硬化剤，増粘剤，充填材，着色剤，低収縮剤，内部離型剤を混合したコンパウンドをコーティングしたポリエチレンフィルムの上に均一に分散し，この上にコンパンドをコーティングしたポリエチレンフィルムをかぶせる。つぎに，金網コンベアー上を進みながらローラーなどで押付け脱泡しロールに巻き付ける。巻き取ったロールをモノマー遮蔽フィルムで包んで，一定温度で一定時間加温し化学増粘させる。このSMCは冷暗所で保管する。

SMCには，①SMC（ガラス繊維含有率30～35%），②**TMC**（thick molding compound）（TMCは厚物2～50mmで，SMCとBMC同様にプレス成形，射出成形，トランスファー成形も可能である。），③**HMC**（高強度SMC，structural SMC），④**XMC**（orientated continuous strand length SMC）（ガラス含有率65～75%）などの種類がある。

SMC成形は，ピンチオフを有する加熱金型に，SMC材を所定の形状に裁断し，一定の重さに調節してSMCのフィルムを剥がして展開面積の50～80%に投入し，加熱，加圧，硬化でプレス成形する成形法である。

装置には，SMC製造機，成形プレス機，金型温度調節器，金型，SMC切断装置，金型搬送装置，コンプレッサー，蒸気ボイラーなどがある。型構造は，密閉型（セミポジィティブ），加熱型で，型材質は，構造用炭素鋼，鍛鋼，鋳鋼などである。

特徴は，成形性が優れ，形状の制限が少なく，両表面は平滑で光沢のある成形品が得られることである。肉厚変化，ボス，リブが容易でインサートも可能である。材料の取扱い性と作業環境がよく，成形効率に優れ，生産性が高く，省力化，自動化ができる。しかし，多色成形は不向きで，成形流れによる繊維

のウェルドが発生し，強度のばらつきが大きい。SMC材料が時間とともに変化するので保管条件を守る。

なお，SMC成形法の欠点を改良し付加価値をつけた**インモールドコーティング（IMC）成形法，加飾成形法**がある[11]。

応用例は，浴槽，防水パン，浴室ユニット，浴室パネル，洗面台，洗濯パン，浄化槽，床下収納庫などの住宅資材が主体で，いす，各種機器類，自動車部品，車両部品，複写機，空調機器部品，スポーツ，雑貨などがある。

3.10 BMC 成 形 法

バルクモールディングコンパウンド（BMC）成形法（bulk molding compound method）は（図3.18〜図3.21），金型の間にBMC成形材料を入れ，金型を閉じて加熱加圧する成形法である。古くからあるプリミックス成形を改良した成形法である。ヨーロッパではプリミックスとBMCを**DMC**（dough molding compound）と呼び，熱可塑性成形法に近く，自動化，省力化が可能な成形法である。なお，BMC成形法が，人造大理石の成形に応用されている。

BMC成形法には，BMC製造工程とプレス成形工程がある。BMCは，成形メーカーが自社内で連続的に製造する場合と材料メーカーより購入する場合がある。

BMCの製造法（図3.18）は，チョップストランドと樹脂，硬化剤，増粘剤，充填材，着色剤，低収縮剤，内部離型剤などをニーダー（混練機）で連続または非連続で混合する。つぎに混練物を容器に採り加温し増粘後，容器を密閉し冷暗所で保管する。BMC成形法の中間材料には，BMC（ガラス含有率10〜30％），ZMC，**CIC**（continuous impregnated compound）[13]などがある。

プレス成形工程には，①圧縮成形法（プレス機を用いたMMD，図3.19），②トランスファー成形法（プランジャーにより金型内に押出移送，図3.20），③射出成形法（BMC専用機，図3.21）の3種類があり，現在は射出成形法が

64　3. 成　形　法

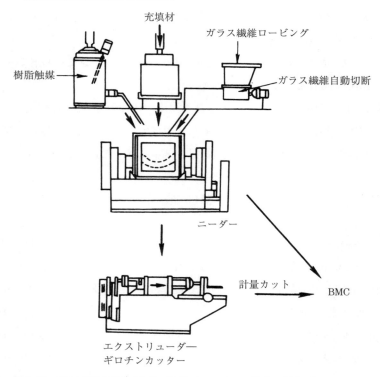

図 3.18　BMC 製造工程[2]【出典：強化プラスチック協会：強化プラスチック成形材料，BMC 編，p.12（1989）】

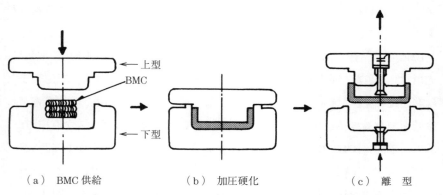

図 3.19　BMC 成形法の原理図[1]【出典：森本尚夫：FRP 成形の実際，p.210, 高分子刊行会（1984）】

3.10 BMC 成形法

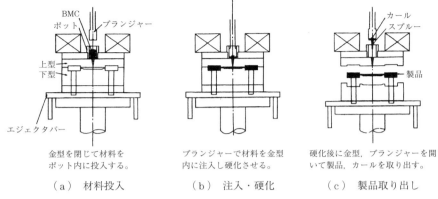

　　（a）　材料投入　　　　　　（b）　注入・硬化　　　　　（c）　製品取り出し

図3.20　トランスファー成形法（補助ラム式）[4]【出典：強化プラスチック協会：FRPポケットブック，p.47（1997）】

主体である。BMC 成形工程は，精密な金型に所定の大きさに切断し一定の重さに調節したBMCをチャージし型閉め後，加熱，加圧，硬化で成形する方法である。

装置には，BMC 製造装置，BMC 成形プレス，金型温度調節器，金型，BMC 計量装置，金型搬送装置，コンプレッサー，射出成形機，蒸気ボイラーなどがある。型構造は，密閉型（セミポジティブ），蒸気加熱または電熱加熱，ハードクロムメッキで，型材質は，構造用炭素鋼，鍛鋼，鋳鋼などである。

特徴は，肉厚変化も可能で形状の制限が少なく，寸法精度が高く，表面の平滑性に良好な製品が得られることである。単位重量当りの原材料費が安く，大量生産，成形効率に優れ，省力化，自動化ができる。ネジ，孔，リブ，ボス，インサートができ，射出成形，トランスファー成形ができる。しかし，強度が低く，流動による繊維の方向性が発生しやすい。大型の成形には適さない。射出成形は設備費が高く，材料が時間とともに変化するので保管条件を守ることが大事である。

応用例は，住宅機材，電気構造部品，音響機器部材，コイル封止用，人造大理石製品などである。

ここで射出成形法について説明する。

66　3. 成　形　法

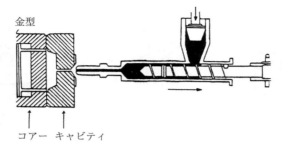

（a） BMC のチャージ

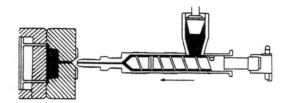

（b） 型閉め後に加熱，加圧，硬化

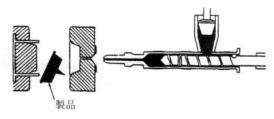

（c） 成形した製品の取り出し

図 3.21　射出成形法（スクリュー式）[4]【出典：強化プラスチック協会：FRP ポケットブック，p. 48（1997）】

射出成形法（injection molding method）（図 3.21）は，熱可塑性樹脂成形の技術で，射出成形装置を用いて BMC 材料を加熱シリンダーからスプルー（ランナー，ゲート）を通じて閉じた金型のキャビティーの中へ加圧のもとに注入し硬化する成形法である。材料ロスや生産性の向上のために強化材の強度を犠牲にした成形法なので，強度特性の改善のためいろいろな方法が開発されている。

射出成形機は材料の供給部と射出部より構成され，① 押出プランジャー＋

射出プランジャー，② 押出プランジャー＋射出スクリュー，③ 二軸押出スクリュー＋射出プランジャー，④ 二軸押出スクリュー＋射出スクリューの四つの組合せ方式がある。熱可塑性樹脂の成形用とは異なり，材料を強制的に供給する装置を備え，シリンダーやスクリューあるいはプランジャーとして強化材に対して磨耗の少ないものが使われる。

一般的には熱可塑性樹脂および FRTP の成形法であり，FRP の自動化，省力化に応用したものである。材料は，取り扱いやすいプリミックスや BMC 材，ZMC 材（ガラス繊維の破損を最大限に抑えた ZMC 成形機で製作）が主体である。

装置には，射出成形機，ニーダー（混練機），樹脂調合装置，熟成炉がある。型構造は，密閉型，フラッシュタイプ，ゲートは交換可能な消耗品，型材質は，構造用炭素鋼，ダイス鋼，圧延鋼材などである。

特徴は，自動化が可能で，寸法安定性に優れ，表面が非常に平滑である。複雑形状の成形が可能で，再現性が高い。材質が緻密で機械加工もできる，大量生産に適し生産性が高い。しかし，成形流れによる繊維の配向が生じ，機械強度が低く，設備が高価で，小中量の生産および大型製品の製造には適さない。

応用例は，コンクリート枕木用埋込み栓およびばね受け台，自動車部品（ランプリフレクター），音響機器のシャーシー，光学機器のハウジング，電動工具のボディ，大型電気遮断機などである。

3.11 FW 成 形 法

フィラメントワインディング（FW）成形法（filament winding molding method）（**図 3.22**）では，樹脂を含浸したロービングを切断することなく連続的にマンドレルに巻き付けて強化材の強さを最大限に発揮し最も有効に利用して円筒状の製品を成形する。

わが国では 1960 年代[14]に小型製品から実用化され，政府軍需関係から民間に移行され，技術も外国技術の導入やわが国独自の開発も行われた。

この技術の基礎は，1953 年にわが国の先覚者たちが FRP 成形を試みたのに

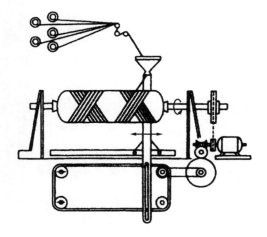

図 3.22 FW 成形法の原理図[7]【出典：強化プラスチック協会：だれでも使える FRP ─ FRP 入門, p. 93 (2002)】

対し，それより 6 年前の 1947 年にアメリカ政府兵器局の指示と M. W. Kellogg 社の援助で FW 成形の元祖と呼ばれた米国の R. E. Young が航空機用圧力容器の開発に着手したのが最初である[15]。

成形は，引きそろえたロービングに硬化剤を混合した熱硬化性樹脂を含浸させ，回転しているマンドレル（型）に所定の厚さまでテンションをかけて所定の角度で巻き付け，硬化後脱型する方法である。強化材がマンドレルのまわりを回転する場合もある。強化材にあらかじめ樹脂を含浸したプリプレグの中間材を用いることもある。

FW 成形法の強化材の巻き方には，パラレル巻き（フープ巻き），ヘリカル巻き，ポーラー巻き，レベル巻き（インプレーン巻き）の 4 種類が基本パターンがある（**図 3.23**）。

所定の厚さまで積層する成形方式には，バッチ式（非連続式）と連続式があり，これらはおもに構造材である強化層を成形する方法である。バッチ式（非連続式）は，4 種類の基本パターンを基に FW 装置の機構は，① 旋盤式またはトラバース式，② 回転アーム式，③ 特殊回転式の 3 種類がある。また，連続式は，パラレル巻きが基本であり，機構的にはマンドレルが前進しながら連続的にワインディングするドロストホルム式（**図 3.24**），紙管式（**図 3.25**）などがある。

3.11 FW 成 形 法

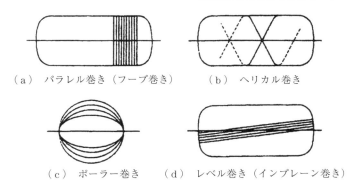

(a) パラレル巻き(フープ巻き)　　(b) ヘリカル巻き

(c) ポーラー巻き　　(d) レベル巻き(インプレーン巻き)

図 3.23　ワインディング基本パターン[7]【出典:強化プラスチック協会:だれでも使える FRP ― FRP 入門, p.93 (2002)】

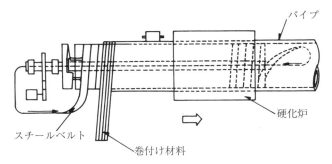

図 3.24　ドルストホルム式 FW 成形機 (Drostholm Products A/S)[1]
【出典:森本尚夫:FRP 成形の実際, p.226, 高分子刊行会 (1984)】

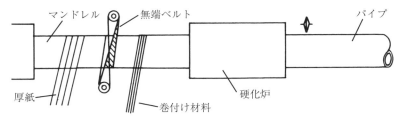

図 3.25　紙管式 FW 成形法[1]【出典:森本尚夫:FRP 成形の実際, p.227, 高分子刊行会 (1984)】

強化材としてはおもにロービングを使用するが，ガラスチョップドストランド，ガラスマット，ガラスクロス，スダレロービングなどと併用する場合もある。

装置には，FW装置，マンドレル，硬化炉，脱芯機（マンドレル引抜機），トリム機（切断機）などがある。型構造は，開放型，回転対称体で，材質は，鉄鋼，アルミニウム，石膏，木材などである。

特徴は，FRPの中では繊維含有率が高く，また，最も機械的強度の高い製品が得られる（比強度が大きい）。強化材はロービングを使用するため，材料費が安価である。強化材の方向に自由度があり，繊維の配向を変えることにより種々の強度が得られる。機械成形のため，材質および方向性は均一であり，品質が安定している。多量生産と自動化が可能で，両端を閉じた容器状にも成形できる。ライナー層との組み合わせにより，耐食，耐熱，耐圧性の製品が得られる。しかし，円筒形または球形が主で回転体に限られ，形状に制約があり，成形機を含めた設備費が高価である。内圧製品では樹脂の選定またはライナー層を設けないとウィーピン（発汗）が起こりやすい。

応用例は，薬液配管，廃水・排水配管，上下水道配管，農業用水配管，海水配管，煙突・煙道，薬品タンク，食品タンク，圧力容器（逆浸透膜エレメント用ケーシング），温泉配管，地熱配管，水・温泉ケーシング管，ガソリンスタンド地下配管などの耐食FRP機器，FRP複合高圧ガス容器（CNG燃料タンク，超高圧水素ガス容器，航空機用液体タンク），ドライブシャフト，マフラーなどの自動車，魚雷発射管，ロケットモーターケース，ヘリコプター・船舶・冷水塔等のプロペラシャフト（推進軸，駆動軸），モーターボート・レジャーボートの排気筒，花火の発射筒，網桁・網竿，ポール，レドーム，ゴルフシャフト，釣り竿，ロール（印刷用，製紙用），ロボットアーム，円筒形構造体などである。

〔1〕 テープラッピング成形法

テープラッピング成形法（tape wrapping molding method）（図3.26）は，回転するマンドレルの上に，シート状の強化材に樹脂などを含浸させながら巻きつけて円筒状の構造体を成形する方法で，フィラメントワインディング成形

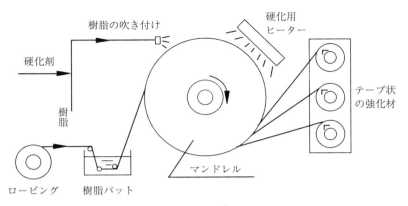

図 3.26 テープラッピング成形法の原理図[16]【出典：強化プラスチック協会：プラントと耐食 FRP, p.37 (1994)】

法の改良技術である。

円筒形構造体成形（JIS K 7012, JIS K 7013, JIS K 7014, JIS K 7015）には，連続式と非連続式の FW 法，非連続の遠心成形法（3.15 節参照），連続式の引抜成形法（3.13 節参照）などがある。その中の非連続な FW 法を基に，設備費が安価で少量生産で小口径から大口径（最大 9 000 mm）までの円筒形構造体を自由に設計し成形することができる。おもに耐食層を有した耐食 FRP 機器類あるいは多層円筒形構造体の成形に適している。

成形は，樹脂を含浸したクロス，マット，ニットなどのテープ状の強化材を離型処理したマンドレルに所定の角度とテンションで巻き付けさらにテープ状の強化材の上から樹脂を含浸したガラスロービングにテンションを加えながら所定の基材構成で巻き付け，硬化後に脱型するオープンモールドのバッチ式である。

本方法は，ヘリカル巻き FW 法と比較し設備が簡素で，樹脂，繊維強化材などの基材構成が相違する種々の要求性能で少量の品種を作るのには優れており，製品の希望に合わせた強度設計ができる。強化材の選択で軸方向と円周方向の強度を容易に変えることができ，設計に自由度が持てる成形法である。

円筒形状のパイプ，ダクト，タンクの胴体，煙突などの耐食 FRP の成形法として日本では 1960 年代の古くから採用されている。

〔2〕 チョップドフープワインディング成形法

チョップドフープワインディング成形法（chopped hoop winding molding method）は，FW法とスプレーアップ法の併用の成形法で，離型処理したマンドレルに樹脂と硬化剤およびチョップドストランドをスプレーアップ法で吹き付け，さらに樹脂と硬化剤が含浸したロービングをFW法でフープ巻きし，大型および厚物成形の場合は交互に行い，円筒形の構造体を成形する。FW法のヘリカルロービング巻き角度は円筒形の場合約55°であるが，フープ巻きロービングでは軸方向の強度が不足するのでチョップドストランドとロービングを交互に積層することでフープ巻きの欠点の強度と耐食性を改良したオープンモールドのバッチ式方法である。

3.12 FRPM管成形法

強化プラスチック複合管（**FRPM管**）（図3.27）（JIS A 5350）**成形法**（fiber reinforced plastic mortar pipe molding method）は，アメリカで開発され欧州で発展し，1970年代に日本で実用化された技術であり，連続式とバッチ式のFW成形法とバッチ式の遠心成形法がある。

埋設管の耐土圧特性の剛性を上げるためにレジンモルタルをサンドイッチ芯

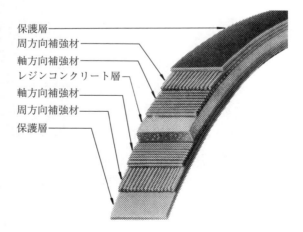

図3.27 FRPM管断面図と肉厚構成[1]【出典：森本尚夫：FRP成形の実際, p. 233, 高分子刊行会（1984）】

3.12 FRPM 管成形法

材構造とした3層円筒構造体をオープンモールドで一体成形する方法であり,モルタル中間層を成形しなければFW法,遠心法などのパイプ,タンクなどのFRP円筒形構造の成形に利用される。

コンクリート管,鋼管,鋳鉄管などの地下埋設管の代替管は,FRP単独では経済性や成形性の点から実用的でないため,FRPと珪砂などの充填材と樹脂から成るレジンモルタルの二成分から成る厚肉サンドイッチ構造にすることで大きな剛性を持たせた強化プラスチック複合管である。

FRPM管FW成形法(図3.28)は,連続式と非連続式のFW成形法で3層構造体を成形する。内外面用のFRP層の樹脂,硬化剤,強化材,および中間層の樹脂,硬化剤,短繊維強化材,充填材,硅砂などを混合したレジンモルタル(レジンセメント)のコンパウンドを回転しながら前進するマンドレルに連続して内面FRP層,中間レジンモルタル層,外面FRP層の順に3層を順次時間差で供給し硬化,脱型,切断して内外面のFRP層でサンドイッチしたレジンモルタルを有した3層1体構造の円筒形を成形する。

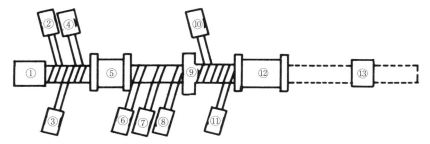

① ドライブユニット,② セロファン,③ ガラス繊維(円周方向),④ ガラス繊維(軸方向),⑤ オーブン,⑥ ガラス繊維(円周方向),⑦ レジンコンクリート,⑧ ガラス繊維(円周方向),⑨ ガラス繊維(軸方向),⑩ ガラス繊維(円周方向),⑪ 不織布,⑫ オーブン,⑬ 切断機

図3.28 FRPM管成形法の原理図[1]【出典:森本尚夫:FRP成形の実際,p.233,高分子刊行会(1984)】

本法は,レジンモルタルの供給が重要で,代表的な方法には,樹脂,硬化剤,珪砂を混合したレジンモルタルを直接マンドレル上に供給しながらレジンモルタル層を形成するロール展圧法(図3.29)がある。もう一つは,あらか

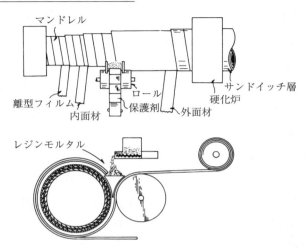

図 3.29 レジンモルタルのロール展圧法[1]【出典：森本尚夫：FRP 成形の実際，高分子刊行会，p. 239（1984）】

じめ混合したレジンモルタルを使用してロールにより展圧しながら形成する方法および押出し機により押し出しながら巻き付ける方法がある。

　特徴は，外圧強度が大きく，埋設管に適している。安価なレジンモルタルを使用するため，経済的に優れ，少量生産から大量生産まで規模により成形方式を選択することができ，自動化による生産体制も可能である。しかし，成形条件がシビアであり，設備費が高価である。

　応用例は，強化プラスチック複合管（JIS A 5350，$\phi200 \sim \phi3\,000$）の下水道管，上水道管，農業用水管，排泥管，海水導入管，ケーブル保護管などである。

　ここで FRPM 管遠心成形法について説明する。

　FRPM 管遠心成形法（centrifugal molding method）は，バッチ式で内型を使用し，内外面 FRP 層の樹脂，硬化剤，強化材，および中間層の樹脂，硬化剤，充填材，硅砂などを混合したレジンモルタル（レジンセメント）のコンパウンドを回転しているマンドレルの内側に連続して外面 FRP 層，中間レジンモルタル層，内面 FRP 層の順に 3 層を順次時間差で供給し，硬化，脱型して内外面の FRP でサンドイッチしたレジンモルタルを有した 3 層 1 体構造の外

面が平滑な円筒形を成形する。

3.13 引抜成形法

引抜成形法（pultrusion molding method）（JIS K 7015）（図3.30）は，**プルトルージョン成形法**とも呼ばれ，強化材に樹脂を含浸させたものを金型内に引き込み，または金型内で含浸させ，金型もしくは金型を出た所で加熱硬化して硬化物を金型から引き出す成形法である。

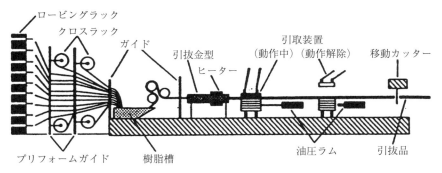

図3.30 引抜成形法の原理図（樹脂槽含浸法）[4]【出典：強化プラスチック協会：FRPポケットブック，p.59（1997）】

1960年代の古くからある技術で，樹脂の含浸法および硬化法，強化材の引張法および形態，供給法などで多くの方式があり，代表例は，長尺金型による平行引抜法，複数型による平行引抜法，垂直引抜法の3方式[5]である。

成形は，引抜成形機を用いて引きそろえた強化材に，硬化剤，充填材，着色剤，内部離型剤などを混合した樹脂を連続的に含浸させ，ゆっくりとした速度で強化材を引っ張りながらこれを成形品の形状に近い形に誘導し，加熱金型で賦形し連続的に硬化させて，一定断面形状の形材（一般品と中空品に分類），ロッドなどの長尺状素材を成形する。なお，樹脂の含浸には開放含浸槽式（図3.30参照）と密閉チャンバー式の2種類があり，成形品の引取りにはキャタピラ式とレシプロ（クリップ）式の2通りがある。

強化材の形態はロービングであるが，引抜方向に対して直角方向の機械的強度が要求される製品は，コンティニュアスマット，チョップマット，ロービングクロス，ニットなどを併用し性能を改善する。

装置には，引抜装置，成形型，強化材ガイド，含浸槽などがある。型構造は通過型で，型材質はダイス鋼，工具鋼，構造用炭素鋼などである。

特徴は，連続成形のため自動化が容易で大量生産に適し，再現性が高く，全表面が平滑で，複雑な断面で長尺製品が成形できることである。引抜（軸）方向に強度の高い成形品が得られる。しかし，準備工程が煩雑で，小量生産に適さず，大きさに限界がある。また，十分な強度バランスを出しにくく，表面の平滑性に劣る。

応用例は，フラットバー，丸角パイプ，アングル，チャネル，ロッドなどの構造材の加工による梯子(はしご)，柵，階段，手摺(てすり)，空港フェンス，橋などである。

3.14 連続パネル成形法

連続パネル（波平板・プレート）**成形法**（continuous laminating molding method）（図3.31）は，離型フィルム上に触媒などを調合した樹脂，強化材を供給し，他方の離型フィルムで覆いながらロールで含浸脱泡を行い，所定の形状を保って加熱炉などで硬化し連続的に成形する方法である。

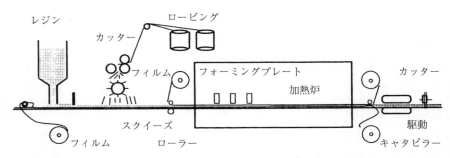

図3.31 連続パネル（波平板）成形法の原理図[4]【出典：強化プラスチック協会：FRPポケットブック，p.74（1997）】

わが国のFRP製品の中で最も早く，1954年に製品化された波平板は，ハンドレイアップ法，プレス成形法により生産していたが，生産量の増大で1956年に機械化されたのが連続波平板積層成形法で，上下2枚のシートの間で自然含浸主体の含浸脱泡で，ほとんどが波板，平板のプレートを連続的に成形する。

成形装置の下側のキャリヤフィルムの上に，硬化剤を混合した樹脂を一定厚さ供給しながらロービングを切断して均一に散布し，この上に上側キャリヤフィルムをかぶせ絞りロールで含浸脱泡を行い，肉厚を整え所定形状のフォーミング治具を加熱しながら通過し賦形硬化する連続成形法である。

耐候性向上に表面をゲルコート処理，キャリヤフィルムをエンボスや艶消し品を使用することで表面加工した波平板の成形が可能である。強化材にガラスチョップドストランドマット，ガラスクロスなども使用できる。

芯材を使用した複合パネルとして，ハニカムサンドイッチ板，木材サンドイッチ板，ウレタンフォームサンドイッチ板などがある。

装置には，波平板製造装置，型，硬化炉，切断機などがある。型構造は誘導型で，型材質はFRP，木材，アルミニウムなどである。

特徴は，自動化ができ，生産性が高く，型・治具が安価であり，断面形状に自由度があり，両面が平滑で，表面の加飾が容易で，長尺製品が成形できることである。厚さが均一で，光線の透過性の優れた製品が得られる。反面，ガラス含有率を一定以上高くできず，強度が小さく，少量生産には不向きである。

応用例は，採光板，温室用板，冷凍車用扉，冷凍コンテナ板，アーケードの屋根などである。

3.15 遠心成形法

遠心成形法（centrifugal molding method）（**図3.32**）は，ヒューム管や鋳鉄管の製造技術をFRPに応用した1920年代からの技術である。回転しているマンドレルの内側に，強化材，樹脂，硬化剤などを所定量，連続して順次時間差で供給し遠心力で含浸，脱法，賦形を行い硬化，脱型する成形法である。マン

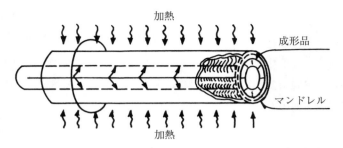

図 3.32 遠心成形法の原理[1]【出典：森本尚夫：FRP 成形の実際，p. 250，高分子刊行会（1984）】

ドレルの内型を使用するので外面が平滑な円筒形を成形する。形式には，バッチ式，連続バッチ式，連続引抜式（**表 3.4**）がある。

強化材はロービングのほかにチョップドストランド，特殊織物などを使用し，供給方法はいろいろで，パイプ，タンクなどの FRP 円筒形構造の成形に利用される。その技術は，FRPM 管（3.12 節「FRPM 管成形法」），FRP 高圧管[17]，FRP 電柱[1]などの成形に応用されている。

特徴は，成形品の内外面は平滑で寸法精度，含浸脱泡がよく，高性能な継手付きの管が成形できる。材料ロスが少なく，自動化が可能である。しかし，厚さ一定の円筒体に限られる。多層管にした場合は管厚にばらつきが生じやすい。

3.16　人造大理石成形法

人造大理石は，天然石材の外観を有し，樹脂，硬化剤，充填材，強化材，加飾材などを混合した材料を使用する。

成形法は，BMC 成形法，注型併用ハンドレイアップ成形法，真空成形法などの成形技術があり，多品種が成形されている。

成形品は，住宅設備の浴槽およびカウンタートップ，洗面化粧台，大型浴槽，台所のシステムキッチン，および壁材，床材の建材などに採用されている。人造大理石は人工大理石とも呼ばれるが，ここでは慣習に従い人造大理石[19]と呼ぶことにした。

表3.4 遠心成形法の生産システム[18]【出典：山本昌彦，西野義則：強化プラスチックス，26, 12, p.38 (1980)】

形式	略図	応用	特徴
バッチ生産	成形機 (SY1) 金型 条件：金型1本，成形機1台，シンプルモデル	直管，曲管，継手管，ライニング，タンクなど可	最もシンプルであり多種少量生産に向く，生産効率が悪い。
連続バッチ生産	(SY2) 成形機 金型 条件：流れ金型，固定成形機	同上	多種多量生産の本格的量産バッチ生産方式，各機能の稼働率高い。
連続バッチ生産	(SY3) 成形機 金型 条件：複数固定金型，移動成形機	同上	少種多量生産の中規模量産方式，多様化した機能の稼働率が高くとれる。
連続引抜き生産	製品 金型 (SY4) 条件：金型成形機一体，連続引き抜き	直管以外は不可	ストレートの単種量産方式に向く連続生産方式（技術的に問題多い）。小径管に適する。

3.17 耐食FRP成形法[16)〜20)]

耐食FRP成形法（corrosion resistant FRP molding method）は，ハンドレイアップ法，スプレーアップ法，テープラッピング法，FW法などで耐食層，強化層，最外層を成形する。

FRP構造体の厚さを構成する耐食層，強化層，最外層（**表3.5**，**図3.33**）の

表 3.5 耐食 FRP 積層構成の厚さと樹脂含有率（JIS K 7012，JIS K 7013，JIS K 7014）

名　称		厚さ	樹脂含有率	解　説
耐食層	表層	0.2 mm 以上	85 % 以上	液体などに接し適正な耐食性を付与する層
	中間層	1.0 mm 以上	73 % ± 3 %	表層の外側の層で適正な耐食性を付与する層
強化層	外層	設計厚さ以上	70 % 以下	中間層の外側の層で適正な構造強度を付与する層
（耐候性層）	最外層	0.2 mm 以上	85 % 以上	最外部の層で耐候性などを向上させるために設けた層

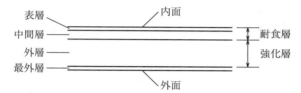

（a）　貯槽（JIS K 7012）[16]【出典：強化プラスチック協会：プラントと耐食 FRP，p. 36（1994）】

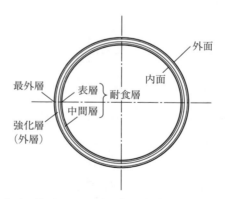

（b）　管（JIS K 7013），管継手（JIS K 7014）[20]
【出典：中井邦彦：強化プラスチックス，57，8，p. 270（2011）】

図 3.33　耐食 FRP 積層構成および断面各部の名称

うちの耐食層の有無が一般の FRP との違いであり，耐食性の違いである。耐食性は耐食層の基材積層構成と樹脂量および硬化度などが影響を与えるため，耐食層の成形が重要となるので設計製作を遵守する。

　FRP 材料の耐久性に対する腐食劣化については，電気化学的腐食は生じないが，化学反応による腐食が生じる。化学プラントなどの耐食機器類は厳しい環境条件（薬液，ガス）で使用するため，一般 FRP とは成形法，強化材と樹脂の選定および積層構成が異なる。

　耐食 FRP は，FRPS C001，FRPS C002，FRPS C003，FRPS P001，FRPS P002 などの強化プラスチック協会規格，および JIS K 7012, JIS K 7013, JIS K 7014, JIS K 7070 などの日本工業規格で設計製作や劣化診断について規定している。

　繊維強化プラスチック用語（JIS K 7010）では，「耐食 FRP は，耐食層を持つ繊維強化プラスチックの総称（corrosion resistant FRP）」で「**耐食層**（corrosion resistant layer）は，積層構造の繊維強化プラスチックのうち，大気や液などの環境にさらされる側に設けられる高耐食性を持つ層，強度部材としての役割は少ない。通常，耐食層はサーフェーシングマット層とその下のチョップドストランドマット層で構成される」と規定し，一般 FRP と区別している。

3.18　熱可塑性複合材料の成形法

　熱可塑性複合材料は，成形において樹脂の化学変化を伴わないため，高速成形加工が可能な材料として近年注目を集めている。しかしながら，熱可塑性樹脂の溶融粘度は，硬化前の熱硬化性樹脂と比較してきわめて高いため，熱可塑性樹脂を強化繊維束に含浸させることが困難である。繊維と樹脂を複合化（成形）するにあたって，その成形性と取り扱い性の観点から，成形方法に応じた中間材料を経由して複合材料が製造されることが多い。特に近年では，自動車，産業機械等のより広い分野での利用を可能とするため，成形のハイサイクル化が重要視されており，あらかじめ繊維の近傍に樹脂を配置することにより高い含浸性を有する中間材料が重要な役割を担っている。

本節では，熱可塑性複合材料の成形加工技術について，ハイサイクル化の観点から概説する。

3.18.1 中間材料の加熱を型外で実施するスタンピング成形法

熱可塑性樹脂の最大の長所は，目的とする最終製品形状に直接成形できる加工性のよさである。この加工性のよさを維持し，剛性および強度を付与するため，短繊維を混ぜて射出成形する方法があるが，この方法では繊維が混練中に 0.5 mm 程度以下まで細かく砕かれるため，特性強化の効果はあまり上がらない。近年では，物性の優れた材料としてより長い繊維長を有するペレット（長繊維ペレット）が利用されている。長繊維ペレットは，ペレット長と同じ長さの炭素繊維を同一方向に含有する樹脂材料である。短繊維強化材料に比べて成形後の成形品中の繊維長が長いため，機械特性や電気特性など多くの面で優れた特性を発揮する。さらに，炭素繊維のロービング材を直接引き込み成形することが可能となる，オンラインブレンド射出成形機による長繊維直接成形法の開発も行われている。

加工での繊維破損を避ける方法として，繊維で強化した熱可塑性樹脂シートを圧縮成形機で圧縮成形し，賦形する**スタンピング成形法**（stamping molding method）が 1980 年ごろから実用化された。スタンパブルシートの成形は，遠赤外線加熱炉で加熱して樹脂シートに可塑性を与え，続いて温度調整した金型（40〜80℃）に投入した後，圧縮成形機で圧縮して成形品に加工する。近年では，連続繊維強化熱可塑性樹脂複合材料のハイサイクル成形方法として，このスタンピング成形法が採用されている。予備加熱炉により連続繊維強化熱可塑性樹脂複合材料プリプレグ等を加熱し，適度に加熱した金型のプレス圧力により金型形状に成形する方法である。中間材料の加熱を型外で実施するスタンピング成形法は，型占有時間を短縮できるためハイサイクル成形が実現可能である。

3.18.2 金型の加熱・冷却時間を短縮する急速加熱冷却成形法

連続繊維強化熱可塑性樹脂複合材料の成形方法として，加熱圧縮成形法がま

ず考えられるが，中間材料を型内で融点以上に加熱し含浸させ，融点以下に冷却し離型するため，金型の加熱・冷却時間が長くなる。このような背景において，金型を急速に加熱冷却する高速成形加工技術の開発が行われている。

高速で金型を昇温する技術として，金属材料の熱処理などに用いられる電磁誘導加熱がある。これは，高周波による表皮効果を用いて導体表面に電流を集中させ，渦電流による発熱を利用する技術である。図3.34に電磁誘導加熱圧縮成形の模式図を示す[21]。本成形装置は，コイルに交流電流を流し磁界を発生させ，コイルの中の非加熱物（電磁誘導体）の表面に渦電流を誘起し，電流の流れる部分が発熱（ジュール熱）する原理（電磁誘導加熱）を応用した技術である。上下の金型を囲うように設置されたコイルに電流を流し，磁界を発生させ，電磁誘導によって金型表面のみが加熱される。また，金型内の冷却パイプに冷却水を通すことで金型を冷却することが可能である。金型表面のみを加熱するため熱容量が小さく，従来の加熱圧縮成形法と比べて成形サイクルを大幅に短縮することができる。さらに，本成形システムを用いると，素材である炭素繊維に誘導電流が流れ発熱するため，金型からの熱伝導だけではなく炭素繊維そのものが加熱され，炭素繊維束への樹脂の含浸が促進される[21]。これにより加熱圧縮成形に比べて，低い成形圧力，短い温度保持時間で樹脂を含浸させることができる。

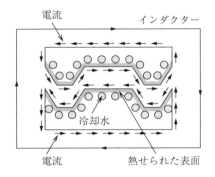

図3.34 電磁誘導加熱圧縮成形[21]【出典：田中和人，小橋則夫，木下陽平，片山傳生，宇野和孝：材料，**58**，7，pp.642-648（2009）】

3.18.3 金型の温度勾配を利用した連続成形法（引抜成形法）

引抜成形法を熱可塑性樹脂複合材料に応用すると，圧縮成形機を用いた型内成形のように金型を加熱・冷却する必要がなく，温度勾配を設けた金型の中を，材料を連続的に引き抜くことで成形が可能となる。熱可塑性樹脂複合材料の引抜成形システムの模式図を**図 3.35** に示す。基本的には，プリフォーム誘導システム，予備加熱装置，加熱・冷却金型，引取機から構成される。成形には，強化繊維および樹脂繊維から構成される連続繊維強化熱可塑性樹脂複合材料作製のための種々の中間材料が使用される。中間材料には，一方向プリプレグを短冊状にしたプリプレグテープ，強化繊維と混合した**混繊糸**（commingled yarn），母材樹脂を粉末化し強化繊維に付着した**パウダー含浸糸**（powder impregnated yarn）などがある。

金型部の模式図を**図 3.36** に示す。加熱金型および冷却金型から構成されて

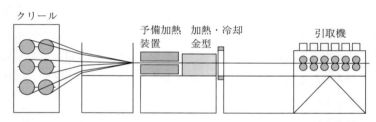

図 3.35 連続繊維強化熱可塑性樹脂複合材料のための引抜成形機の模式図[22]
【出典：A. Carlsson and B. T. Åström：Composites Part A：Applied Science and Manufacturing, **29**, 5-6, pp. 585-593（1998）】

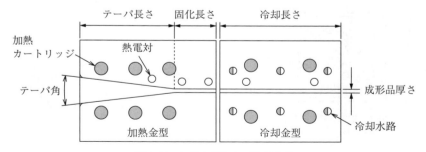

図 3.36 加熱金型および冷却金型

いる。加熱金型の役割は，成形温度まで材料を加熱し，含浸に必要な圧力を付加することである。加熱金型入口にはテーパ部が設けてあり，これによって中間材料を最終成形品の断面積よりも多く充填することが可能であり，含浸に必要な圧力を付加することが可能となる。冷却金型の役割は，そりやボイドの発生を抑制するために複合材料を型内冷却し，また，結晶化を制御することである。

3.18.4 連続繊維と長繊維樹脂射出成形のハイブリッド成形法

連続繊維強化熱可塑性樹脂複合材料は，高い力学的特性を有する一方で，繊維を流さない成形方法では加工性に限界があり，複雑形状への適用が困難である。そこで，連続繊維および不連続繊維のたがいの長所を生かした，連続繊維＋長繊維（不連続繊維）から成るハイブリッド成形手法の開発が活発に行われている。連続繊維から構成されるプリプレグ等の中間材料を赤外線加熱炉など予備加熱炉で加熱し，射出成形機にインサートして裏面に長繊維強化熱可塑性樹脂を射出成形し，リブ等を付与する。これにより，高剛性・高強度・複雑形状を同時に実現する一体成形が可能となる。

4 応力ひずみの計算

4.1 複 合 則

　長繊維で強化した FRP の弾性係数を求める。応力とひずみに関しての説明は材料力学の教科書[1]を参照されたい。最初に原理を説明するために簡易的なモデルを用いる。

　図 4.1 に示すように繊維を一方向に配置した FRP に**繊維方向**（longitudinal：L 方向）に引張荷重が負荷される場合を考える。

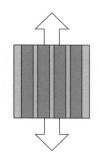

図 4.1 FRP の繊維方位引張り

　この場合，ばねの並列接続と同じであり，次式のように FRP のひずみ ε_c は，繊維のひずみ ε_f および母材のひずみ ε_m と等しくなる。

$$\varepsilon_c = \varepsilon_f = \varepsilon_m \tag{4.1}$$

繊維が分担する荷重 P_f と母材が分担する荷重 P_m は，式 (4.1) に示したひずみと繊維の弾性係数 E_f，マトリックスの弾性係数 E_m を用いて求めたそれぞれに

生じる応力 σ_f と σ_m を用いて以下のように求められ，この和が FRP に負荷される引張荷重 P となる．

$$\sigma_f = \varepsilon_f E_f, \qquad \sigma_m = \varepsilon_m E_m \tag{4.2}$$

$$\left.\begin{array}{l} \therefore \quad P_f = \sigma_f A_f = \varepsilon_f E_f A_f \\ \quad P_m = \sigma_m A_m = \varepsilon_m E_m A_m \\ \quad P = P_f + P_m \end{array}\right\} \tag{4.3}$$

ここで，A_f は FRP 全断面積（A_c）の中の繊維の断面積，A_m はマトリックスの断面積である．複合材の繊維方位（L 方位）弾性係数を E_L とすると，FRP の平均応力 σ_c は次式で計算できる．

$$\sigma_c = \frac{P}{A_c} = \varepsilon_c E_L \tag{4.4}$$

式 (4.3) と式 (4.4) から，次式が得られる．

$$\begin{aligned}\varepsilon_c E_L &= \frac{P_f + P_m}{A_c} \\ &= \varepsilon_f E_f \frac{A_f}{A_c} + \varepsilon_m E_m \frac{A_m}{A_c}\end{aligned} \tag{4.5}$$

式 (4.1) を用いると，式 (4.5) から次式が得られる．

$$E_L = E_f V_f + E_m V_m \tag{4.6}$$

$$V_f = \frac{A_f}{A_c}, \quad V_m = \frac{A_m}{A_c} \tag{4.7}$$

ここで，V_f を繊維の**体積含有率**（fiber volume fraction）と呼ぶ．FRP に**空孔**（void）がなければ，次式が成立する．

$$V_f = 1 - V_m \tag{4.8}$$

なお，V_m はマトリックスの体積含有率である．以上のように求めた式 (4.6) を**複合則**（rule of mixture）と呼ぶ．

つぎに図 4.2 に示すように**繊維と直交方向**（transverse：T 方向）に引張負荷を加えた場合を考える．この場合には，ばねの直列接続と同じ問題になるため，マトリックスと繊維が負担する荷重が等しくなる．図 4.2 の負荷方位に対

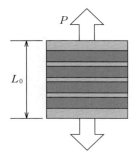

図 4.2 FRP の繊維直交方向引張り

する断面積は FRP の断面積と，繊維の断面積，マトリックスの断面積が等しいから，次式のように応力が繊維とマトリックスで等しいことになる。

$$\sigma_c = \sigma_f = \sigma_m \tag{4.9}$$

応力は，ひずみに弾性率を掛けて求めることができるから，式 (4.9) は次式に書き換えられる。

$$\sigma_c = \varepsilon_c E_T = \varepsilon_f E_f = \varepsilon_m E_m \tag{4.10}$$

ここで，E_T は FRP の繊維と直交方位の弾性係数である。

FRP の伸び λ_c は，繊維の伸び λ_f とマトリックスの伸び λ_m の和となる。

$$\lambda_c = \lambda_f + \lambda_m \tag{4.11}$$

複合材料の全長さを L_0，繊維の体積含有率 V_f とすると，繊維の部分の初期長さは，$L_0 V_f$ となる。同様にマトリックス部分の初期長さは，$L_0(1-V_f)$ となる。繊維と母材のそれぞれの伸びは次式で求められる。

$$\lambda_f = \varepsilon_f L_0 V_f = \frac{\sigma_f}{E_f} L_0 V_f \tag{4.12}$$

$$\lambda_m = \varepsilon_m L_0 (1-V_f) = \frac{\sigma_m}{E_m} L_0 (1-V_f) \tag{4.13}$$

全体の伸び λ_c を初期長さ L_0 で除すると FRP のひずみ ε_c が求められる。

$$\begin{aligned}\varepsilon_c &= \frac{\lambda_c}{L_0} = \frac{\lambda_f + \lambda_m}{L_0} \\ &= \frac{\sigma_f}{E_f} V_f + \frac{\sigma_m}{E_m}(1-V_f)\end{aligned} \tag{4.14}$$

複合材料の平均ひずみ ε_c を FRP の平均応力 σ_c で除すると，式 (4.9) を用いて，FRP の弾性係数の逆数 $1/E_T$ が次式のように求められる。

$$\frac{1}{E_T} = \frac{\varepsilon_c}{\sigma_c} = \frac{1}{E_f} V_f + \frac{1}{E_m} (1 - V_f) \tag{4.15}$$

つぎにせん断弾性係数 G について考えてみる。**図 4.3** に示すように，せん断応力にはモーメントのつり合いから共役せん断応力が存在し，その大きさは等しい（状態 C）。これは，単純化モデルの状態 A と状態 B の変形の和である。状態 A は，ばねの直列接続であり，状態 B はばねの並列接続である。これらの変形（回転角度）の和がせん断変形の角度変化となる。

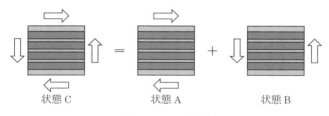

図 4.3 せん断変形

実際には，繊維のせん断弾性よりもマトリックス（プラスチック）のせん断弾性係数が著しく小さい（$G_f \gg G_m$）ので B の状態の変形は A の状態と比較して微小であり，A だけを考えれば，FRP のせん断変形の角度変化に近似的に等しい。

A の状態は FRP の直交方向の弾性係数と同じであるので，式 (4.15) とまったく同様にして求められる。せん断弾性率は近似的に次式となる。

$$G_{LT} \fallingdotseq \frac{G_m}{1 - V_f} \tag{4.16}$$

強化繊維の弾性率はマトリックスよりも数倍から 10 倍程度大きい。このため，式 (4.6) から繊維方位の弾性係数はほぼ繊維の弾性率と繊維の体積含有率の積で決定され，直交方向弾性係数はマトリックスの弾性係数をマトリックスの体積含有率で除した値で決定される。せん断弾性係数も式 (4.16) で示すよ

うに，マトリックスのせん断弾性係数をマトリックスの体積含有率で除した値となる。

4.2 単層の力学

単純な異方性材料の例として，繊維を一方向にそろえた薄板を多数層積層して作成する積層材の1層分（1プライ）の弾性特性を考える。この場合，図4.4に示すように繊維方向（L方向）と繊維直交方向（T方向）に異方性が存在する。ここでは1層分だけの応力-ひずみ関係を考える。

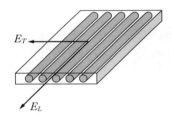

図4.4 プリプレグの異方性

繊維方位や繊維直交方位に単軸に引張負荷する場合の応力-ひずみ関係は，従来材料と大きな変わりはないが，弾性係数はそれぞれの方向の E_L，E_T，G_{LT} を用いることになる。

多軸負荷の場合，負荷と直角方向の変形であるポアソン比の影響を考慮する必要がある。図4.4に示すように，繊維方位に引張負荷をかける場合，その直交方向のひずみはマトリックスのポアソン比の影響を強く受ける。つまり，通常のポアソン比効果とほぼ同じように，繊維方向の引張負荷時にほぼ同じ大きさの横ひずみが発生する。

繊維直交方向に負荷をかける場合，負荷（繊維と直交方向）と直交方向には繊維があるため，横ひずみの変形が阻害される。このため，ポアソン比は ν_{LT}（L方位に引張負荷時のT方位の横ひずみ）と ν_{TL}（T方位に引張負荷時のL方位の横ひずみ）が大きく異なる。

このため，多軸負荷時の応力-ひずみ関係（コンプライアンス行列：剛性行

列の逆行列）は次式となる。

$$[\varepsilon] = \begin{Bmatrix} \varepsilon_L \\ \varepsilon_T \\ \gamma_{LT} \end{Bmatrix} = \begin{bmatrix} \dfrac{1}{E_L} & -\dfrac{\nu_{TL}}{E_T} & 0 \\ -\dfrac{\nu_{LT}}{E_L} & \dfrac{1}{E_T} & 0 \\ 0 & 0 & \dfrac{1}{G_{LT}} \end{bmatrix} \begin{Bmatrix} \sigma_L \\ \sigma_T \\ \tau_{LT} \end{Bmatrix} = \begin{bmatrix} S_{11} & S_{12} & 0 \\ S_{21} & S_{22} & 0 \\ 0 & 0 & S_{66} \end{bmatrix} \begin{Bmatrix} \sigma_L \\ \sigma_T \\ \tau_{LT} \end{Bmatrix}$$

$$= [\mathbf{S}]\{\sigma\} \qquad (4.17)$$

式 (4.17) の行列 [S] はコンプライアンス行列と呼ぶ。コンプライアンス行列は対称行列であるので，式 (4.17) において次式が成り立つ。

$$\frac{\nu_{LT}}{E_L} = \frac{\nu_{TL}}{E_T} \qquad (4.18)$$

一般に $E_L > E_T$ であるので，$\nu_{LT} > \nu_{TL}$ となる。ν_{LT} を主ポアソン比，ν_{TL} を従ポアソン比と呼ぶ。

式 (4.18) の逆行列から，つぎのように剛性行列の関係式を得る。

$$[\sigma] = \begin{Bmatrix} \sigma_L \\ \sigma_T \\ \tau_{LT} \end{Bmatrix} = \begin{bmatrix} \dfrac{E_L}{1-\nu_{LT}\nu_{TL}} & \dfrac{\nu_{LT} E_T}{1-\nu_{LT}\nu_{TL}} & 0 \\ \dfrac{\nu_{TL} E_L}{1-\nu_{LT}\nu_{TL}} & \dfrac{E_T}{1-\nu_{LT}\nu_{TL}} & 0 \\ 0 & 0 & G_{LT} \end{bmatrix} \begin{Bmatrix} \varepsilon_L \\ \varepsilon_T \\ \gamma_{LT} \end{Bmatrix} = \begin{bmatrix} Q_{11} & Q_{12} & 0 \\ Q_{21} & Q_{22} & 0 \\ 0 & 0 & Q_{66} \end{bmatrix} \begin{Bmatrix} \varepsilon_L \\ \varepsilon_T \\ \lambda_{LT} \end{Bmatrix}$$

$$= [\mathbf{Q}]\{\varepsilon\} \qquad (4.19)$$

ここで，$Q_{12} = Q_{21}$ である。

4.3 アングルプライの力学

　繊維方位と構造の負荷方位が一致していない場合，**アングルプライ**（angle ply）と呼び，応力とひずみの座標の回転変換が必要になる。実際の FRP は一方向材だけでは異方性が強すぎるため，さまざまな方向に積層して最適な弾性

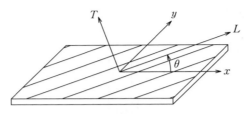

図 4.5 傾斜した層の座標系

特性を得る。ここでは，構造主軸の x-y 座標と材料主軸の L-T 座標が θ だけ回転している**図 4.5** の場合を考える。

式 (4.19) において，材料主軸（L-T 軸）方位の応力-ひずみ関係式がすでに求められている。求めたい応力-ひずみ関係は L-T 軸から $(-\theta)$ だけ回転した x-y 直角座標系である。次式のように，θ だけ回転した座標系への応力の変換行列（参考文献 1) 参照）の逆行列 $[\mathbf{T}_\sigma]^{-1}$（これは $(-\theta)$ だけ回転した x-y 直角座標系への応力変換行列となる）を両辺左からかけることで，L-T 軸方位から x-y 軸方位への応力の変換が行われる。

$$[\mathbf{T}_\sigma]^{-1}\{\sigma_{LT}\} = \{\sigma_{XY}\}$$
$$= [\mathbf{T}_\sigma]^{-1}[\mathbf{Q}]\{\varepsilon_{LT}\} \tag{4.20}$$

$$\{\sigma_{LT}\} = \begin{Bmatrix} \sigma_L \\ \sigma_T \\ \tau_{LT} \end{Bmatrix}, \{\sigma_{XY}\} = \begin{Bmatrix} \sigma_X \\ \sigma_Y \\ \tau_{XY} \end{Bmatrix}, \{\varepsilon_{LT}\} = \begin{Bmatrix} \varepsilon_L \\ \varepsilon_T \\ \gamma_{LT} \end{Bmatrix}$$

$$[\mathbf{T}_\sigma] = \begin{bmatrix} \cos^2\theta & \sin^2\theta & 2\sin\theta\cos\theta \\ \sin^2\theta & \cos^2\theta & -2\sin\theta\cos\theta \\ -\sin\theta\cos\theta & \sin\theta\cos\theta & \cos^2\theta - \sin^2\theta \end{bmatrix}$$

ただし，ここで σ_{LT}，ε_{LT} は L-T 座標系の応力，ひずみをベクトル表記したものであり，σ_{XY}，ε_{XY} は x-y 座標系の応力，ひずみをベクトル表記したものである。

式 (4.20) から，次式のように，θ だけ回転した座標系へのひずみの変換行列 $[\mathbf{T}_\varepsilon]$ を用いることで，x-y 座標系のひずみ ε_{XY} は L-T 座標系のひずみ ε_{LT} に変換できる。

$$\{\varepsilon_{LT}\} = [\mathbf{T}_\varepsilon]\{\varepsilon_{XY}\} \tag{4.21}$$

$$\{\varepsilon_{XY}\} = \begin{Bmatrix} \varepsilon_X \\ \varepsilon_Y \\ \gamma_{XY} \end{Bmatrix}$$

$$[\mathbf{T}_\varepsilon] = \begin{bmatrix} \cos^2\theta & \sin^2\theta & \sin\theta\cos\theta \\ \sin^2\theta & \cos^2\theta & -\sin\theta\cos\theta \\ -2\sin\theta\cos\theta & 2\sin\theta\cos\theta & \cos^2\theta - \sin^2\theta \end{bmatrix}$$

式 (4.21) を式 (4.20) に代入すると，つぎのような x-y 座標系の応力とひずみの関係式が得られる。

$$\begin{aligned}\{\sigma_{XY}\} &= [\mathbf{T}_\sigma]^{-1}[\mathbf{Q}]\{\varepsilon_{LT}\} \\ &= [\mathbf{T}_\sigma]^{-1}[\mathbf{Q}][\mathbf{T}_\varepsilon]\{\varepsilon_{XY}\}\end{aligned} \tag{4.22}$$

$$\{\sigma_{XY}\} = [\overline{\mathbf{Q}}_{ij}]\{\varepsilon_{XY}\} = \begin{bmatrix} \overline{Q}_{11} & \overline{Q}_{12} & \overline{Q}_{16} \\ \overline{Q}_{12} & \overline{Q}_{22} & \overline{Q}_{26} \\ \overline{Q}_{16} & \overline{Q}_{26} & \overline{Q}_{66} \end{bmatrix}\{\varepsilon_{XY}\} \tag{4.23}$$

$$\left.\begin{aligned}\overline{Q}_{11} &= Q_{11}\cos^4\theta + 2(Q_{12} + 2Q_{66})\sin^2\theta\cos^2\theta + Q_{22}\sin^4\theta \\ \overline{Q}_{22} &= Q_{11}\sin^4\theta + 2(Q_{12} + 2Q_{66})\sin^2\theta\cos^2\theta + Q_{22}\cos^4\theta \\ \overline{Q}_{12} &= (Q_{11} + Q_{22} - 4Q_{66})\sin^2\theta\cos^2\theta + Q_{12}(\sin^4\theta + \cos^4\theta) \\ \overline{Q}_{66} &= (Q_{11} + Q_{22} - 2Q_{12} - 2Q_{66})\sin^2\theta\cos^2\theta + Q_{66}(\sin^4\theta + \cos^4\theta) \\ \overline{Q}_{16} &= (Q_{11} - Q_{12} - 2Q_{66})\sin\theta\cos^3\theta + (Q_{12} - Q_{22} + 2Q_{66})\sin^3\theta\cos\theta \\ \overline{Q}_{26} &= (Q_{11} - Q_{12} - 2Q_{66})\sin^3\theta\cos\theta + (Q_{12} - Q_{22} + 2Q_{66})\sin\theta\cos^3\theta\end{aligned}\right\} \tag{4.24}$$

式 (4.24) をひずみについて解くと，コンプライアンス行列を用いた次式が得られる。

$$\{\varepsilon_{XY}\} = [\bar{S}_{ij}]\{\sigma_{XY}\} = \begin{bmatrix} \bar{S}_{11} & \bar{S}_{12} & \bar{S}_{16} \\ \bar{S}_{12} & \bar{S}_{22} & \bar{S}_{26} \\ \bar{S}_{16} & \bar{S}_{26} & \bar{S}_{66} \end{bmatrix} \{\sigma_{XY}\} \tag{4.25}$$

$$\left.\begin{aligned}
\bar{S}_{11} &= S_{11}\cos^4\theta + S_{22}\sin^4\theta + (2S_{12} + S_{66})\sin^2\theta\cos^2\theta \\
\bar{S}_{22} &= S_{11}\sin^4\theta + S_{22}\sin^4\theta + (2S_{12} + S_{66})\sin^2\theta\cos^2\theta \\
\bar{S}_{12} &= (S_{11} + S_{22} - S_{66})\cos^2\theta\sin^2\theta + S_{12}(\cos^4\theta + \sin^4\theta) \\
\bar{S}_{66} &= 2(2S_{11} + 2S_{22} - 4S_{12} - S_{66})\cos^2\theta\sin^2\theta + S_{66}(\cos^4\theta + \sin^4\theta) \\
\bar{S}_{16} &= (2S_{11} - 2S_{12} - S_{66})\cos^3\theta\sin\theta - (2S_{22} - 2S_{12} - S_{66})\cos\theta\sin^3\theta \\
\bar{S}_{26} &= (2S_{11} - 2S_{12} - S_{66})\cos\theta\sin^3\theta - (2S_{22} - 2S_{12} - S_{66})\cos^3\theta\sin\theta
\end{aligned}\right\} \tag{4.26}$$

4.4 積層板の力学

FRP積層板は多方向に積層して使用される.古典積層理論では,積層板は薄く,曲げ変形時に積層板中央面に垂直な断面は曲げ変形後も垂直であるとして取り扱う.板厚方向の応力は存在しない.

積層板の中央面での面内の引張-せん断ひずみ ε^0 と中央面の曲率 κ を用いて,積層板の任意の位置のひずみ ε は次式で定義される.

$$\begin{Bmatrix} \varepsilon_x \\ \varepsilon_y \\ \gamma_{xy} \end{Bmatrix} = \begin{Bmatrix} \varepsilon_x^0 \\ \varepsilon_y^0 \\ \gamma_{xy}^0 \end{Bmatrix} + z \begin{Bmatrix} \kappa_x \\ \kappa_y \\ \kappa_{xy} \end{Bmatrix} \tag{4.27}$$

ここで,z は中央面からの距離である.

この積層板(厚さ h)に単位長さ当り N, M の荷重とモーメントが負荷される場合を考える.各方向の応力を積分すると外力とつり合うのであるから,次式が得られる(図4.6,図4.7参照).

4.4 積層板の力学

$$N_x = \int_{-\frac{h}{2}}^{\frac{h}{2}} \sigma_x \, dz, \quad N_y = \int_{-\frac{h}{2}}^{\frac{h}{2}} \sigma_y \, dz, \quad N_{xy} = \int_{-\frac{h}{2}}^{\frac{h}{2}} \tau_{xy} \, dz \tag{4.28}$$

$$M_x = \int_{-\frac{h}{2}}^{\frac{h}{2}} \sigma_x z \, dz, \quad M_y = \int_{-\frac{h}{2}}^{\frac{h}{2}} \sigma_y z \, dz, \quad M_{xy} = \int_{-\frac{h}{2}}^{\frac{h}{2}} \tau_{xy} z \, dz \tag{4.29}$$

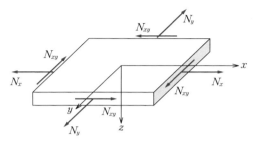

図 4.6 積層板への単位幅当りの引張せん断負荷

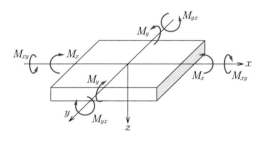

図 4.7 積層板への単位幅当りの曲げねじり負荷

各層のひずみは式 (4.27) で定義されており,応力とひずみの関係は式 (4.23) ですでに得られている。これらを代入すると次式が得られる。

$$\left.\begin{aligned}
N_x &= \int_{-\frac{h}{2}}^{\frac{h}{2}} \left(\overline{Q}_{11} \varepsilon_x^0 + \overline{Q}_{12} \varepsilon_y^0 + \overline{Q}_{16} \gamma_{xy}^0 + \overline{Q}_{11} z \kappa_x + \overline{Q}_{12} z \kappa_y + \overline{Q}_{16} z \kappa_{xy} \right) dz \\
N_y &= \int_{-\frac{h}{2}}^{\frac{h}{2}} \left(\overline{Q}_{21} \varepsilon_x^0 + \overline{Q}_{22} \varepsilon_y^0 + \overline{Q}_{26} \gamma_{xy}^0 + \overline{Q}_{21} z \kappa_x + \overline{Q}_{22} z \kappa_y + \overline{Q}_{26} z \kappa_{xy} \right) dz \\
N_{xy} &= \int_{-\frac{h}{2}}^{\frac{h}{2}} \left(\overline{Q}_{61} \varepsilon_x^0 + \overline{Q}_{62} \varepsilon_y^0 + \overline{Q}_{66} \gamma_{xy}^0 + \overline{Q}_{61} z \kappa_x + \overline{Q}_{62} z \kappa_y + \overline{Q}_{66} z \kappa_{xy} \right) dz
\end{aligned}\right\} \tag{4.30}$$

4. 応力ひずみの計算

$$M_x = \int_{-\frac{h}{2}}^{\frac{h}{2}} \left(\overline{Q}_{11} z \varepsilon_x^0 + \overline{Q}_{12} z \varepsilon_y^0 + \overline{Q}_{16} z \gamma_{xy}^0 + \overline{Q}_{11} z^2 \kappa_x + \overline{Q}_{12} z^2 \kappa_y + \overline{Q}_{16} z^2 \kappa_{xy} \right) dz$$

$$M_x = \int_{-\frac{h}{2}}^{\frac{h}{2}} \left(\overline{Q}_{21} z \varepsilon_x^0 + \overline{Q}_{22} z \varepsilon_y^0 + \overline{Q}_{26} z \gamma_{xy}^0 + \overline{Q}_{21} z^2 \kappa_x + \overline{Q}_{22} z^2 \kappa_y + \overline{Q}_{26} z^2 \kappa_{xy} \right) dz$$

$$M_{xy} = \int_{-\frac{h}{2}}^{\frac{h}{2}} \left(\overline{Q}_{61} z \varepsilon_x^0 + \overline{Q}_{62} z \varepsilon_y^0 + \overline{Q}_{66} z \gamma_{xy}^0 + \overline{Q}_{61} z^2 \kappa_x + \overline{Q}_{62} z^2 \kappa_y + \overline{Q}_{66} z^2 \kappa_{xy} \right) dz$$

(4.31)

式 (4.30), (4.31) をまとめて行列形式で書くと次式になる.

$$\begin{Bmatrix} N_x \\ N_y \\ N_{xy} \\ M_x \\ M_y \\ M_{xy} \end{Bmatrix} = \begin{bmatrix} A_{11} & A_{12} & A_{16} & B_{11} & B_{12} & B_{16} \\ A_{21} & A_{22} & A_{26} & B_{21} & B_{22} & B_{26} \\ A_{61} & A_{62} & A_{66} & B_{61} & B_{62} & B_{66} \\ B_{11} & B_{12} & B_{16} & D_{11} & D_{12} & D_{16} \\ B_{21} & B_{22} & B_{26} & D_{21} & D_{22} & D_{26} \\ B_{61} & B_{62} & B_{66} & D_{61} & D_{62} & D_{66} \end{bmatrix} \begin{Bmatrix} \varepsilon_x^0 \\ \varepsilon_y^0 \\ \gamma_{xy}^0 \\ \kappa_x \\ \kappa_y \\ \kappa_{xy} \end{Bmatrix}$$

(4.32)

ただし, $A_{12}=A_{21}$, $A_{16}=A_{61}$, $A_{26}=A_{62}$, $B_{12}=B_{21}$, $B_{16}=B_{61}$, $D_{26}=D_{62}$, $D_{12}=D_{21}$, $D_{16}=D_{61}$, $D_{26}=D_{62}$ であり

$$A_{11} = \int_{-\frac{h}{2}}^{\frac{h}{2}} \overline{Q}_{11} dz, \quad A_{12} = \int_{-\frac{h}{2}}^{\frac{h}{2}} \overline{Q}_{12} dz, \quad A_{16} = \int_{-\frac{h}{2}}^{\frac{h}{2}} \overline{Q}_{16} dz,$$

$$A_{26} = \int_{-\frac{h}{2}}^{\frac{h}{2}} \overline{Q}_{26} dz, \quad A_{66} = \int_{-\frac{h}{2}}^{\frac{h}{2}} \overline{Q}_{66} dz$$

(4.33)

$$B_{11} = \int_{-\frac{h}{2}}^{\frac{h}{2}} \overline{Q}_{11} z dz, \quad B_{12} = \int_{-\frac{h}{2}}^{\frac{h}{2}} \overline{Q}_{12} z dz, \quad B_{16} = \int_{-\frac{h}{2}}^{\frac{h}{2}} \overline{Q}_{16} z dz,$$

$$B_{26} = \int_{-\frac{h}{2}}^{\frac{h}{2}} \overline{Q}_{26} z dz, \quad B_{66} = \int_{-\frac{h}{2}}^{\frac{h}{2}} \overline{Q}_{66} z dz$$

(4.34)

$$D_{11} = \int_{-\frac{h}{2}}^{\frac{h}{2}} \overline{Q}_{11} z^2 dz, \quad D_{12} = \int_{-\frac{h}{2}}^{\frac{h}{2}} \overline{Q}_{12} z^2 dz, \quad D_{16} = \int_{-\frac{h}{2}}^{\frac{h}{2}} \overline{Q}_{16} z^2 dz, \\ D_{26} = \int_{-\frac{h}{2}}^{\frac{h}{2}} \overline{Q}_{26} z^2 dz, \quad D_{66} = \int_{-\frac{h}{2}}^{\frac{h}{2}} \overline{Q}_{66} z^2 dz \quad \Bigg\}$$

(4.35)

$$[\mathbf{A}] = \begin{bmatrix} A_{11} & A_{12} & A_{16} \\ A_{21} & A_{22} & A_{26} \\ A_{61} & A_{61} & A_{66} \end{bmatrix} \tag{4.36}$$

$$[\mathbf{B}] = \begin{bmatrix} B_{11} & B_{12} & B_{16} \\ B_{21} & B_{22} & B_{26} \\ B_{61} & B_{61} & B_{66} \end{bmatrix} \tag{4.37}$$

$$[\mathbf{D}] = \begin{bmatrix} D_{11} & D_{12} & D_{16} \\ D_{21} & D_{22} & D_{26} \\ D_{61} & D_{61} & D_{66} \end{bmatrix} \tag{4.38}$$

である。ここで，[**A**]を面内剛性行列，[**B**]を引張-曲げカップリング行列，[**D**]を面外剛性行列と呼ぶ．

[**A**]は面内の引張・圧縮・せん断の剛性行列であり，A_{16}，A_{26}は引張-せん断カップリング項である．これは引張・圧縮負荷を行ってもせん断変形が生じる項である．このカップリングをなくすには，アングルプライの±θを正負同数にバランスさせればよい．

[**B**]は引張-曲げのカップリングであり，引張・圧縮負荷を行っても曲げ変形が生じてしまう．このカップリングをなくすには，つぎに説明する積層構成を対称積層にすればよい．

[**D**]は曲げとねじりの面外剛性行列であり，D_{16}，D_{26}は曲げ-ねじりカップリング項である．この項を完全に0にすることは困難であるが，積層数を多くしてアングルプライをバランスし，±θ層を近くに配置すれば十分小さい値となるので実際は無視できる．

同一厚さのプリプレグシートを多数積層して作成する積層板の剛性行列は，

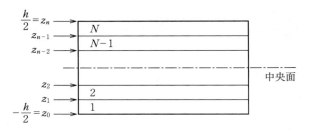

図 4.8 積層板の番号

積分が簡単に実行可能である。**図 4.8** に示すように，積層板の下から 1，2，3，…，N と各層に番号をつける。各層の z 軸座標を図のように z_0，z_1，…，z_n とすると，**A**，**B**，**D** それぞれの剛性行列は次式に書き直せる。

$$A_y = \int_{-\frac{h}{2}}^{\frac{h}{2}} \overline{Q}_{ij} dz = \int_{z_0}^{z_1} \overline{Q}_{ij} dz + \int_{z_1}^{z_2} \overline{Q}_{ij} dz + \cdots + \int_{z_{n-1}}^{z_n} \overline{Q}_{ij} dz$$

$$= \sum_{k=1}^{N} \overline{Q}_{ij}^{(k)} (z_k - z_{k-1}) \tag{4.39}$$

$$B_{ij} = \frac{1}{2} \sum_{k=1}^{N} \overline{Q}_{ij}^{(k)} (z_k^2 - z_{k-1}^2) \tag{4.40}$$

$$D_{ij} = \frac{1}{3} \sum_{k=1}^{N} \overline{Q}_{ij}^{(k)} (z_k^3 - z_{k-1}^3) \tag{4.41}$$

ここで，i，j は 1，2，6 の数値であり，k は下から数えた層番号，N は積層数である。

積層板の積層繊維角度は一般に積層コードで記述される。**積層コード**はつぎのように書かれる。

$$[0/90/0_4/ \pm 45]s$$

積層コードは [ ] 内に記述され，積層コードを表している。[ ] の右外側にはその積層コードの決まりが書かれている。例えば，上記のように s 記号が書かれている場合には積層板が symmetric （**対称積層**）であり，半分だけが記述されていることを意味している。対称積層板では中央面から上下に対称の位置に同じ繊維配向角度が配置される。T が書かれている場合には，すべての繊

維配向角度が [ ] 内に記述されていることを意味する。

上記の場合には対称積層である。表面層が0°層，2番目が90°層，3番目から6番目までの4層が0°層である。つぎに45°層，-45°層が配置される。

4.5　短繊維複合材料

長さ L_f，直径 d_f の短繊維が一方向にそろっている場合の短繊維FRPの繊維方位弾性係数 E_L と直交方位弾性係数 E_T，せん断弾性係数 G_{LT}，ポアソン比 ν_{LT} は次式で簡易に計算できる。

$$E_L = \frac{1 + 2\dfrac{L_f}{d_f}\eta_L V_f}{1 - \eta_L V_f} E_m \tag{4.42}$$

$$E_T = \frac{1 + 2\eta_T V_f}{1 - \eta_T V_f} E_m \tag{4.43}$$

$$G_{LT} = \frac{1 + \eta_G V_f}{1 - \eta_G V_f} G_m, \qquad \nu_{LT} = \nu_f V_f + \nu_m V_m \tag{4.44}$$

ここで

$$\eta_L = \frac{\dfrac{E_f}{E_m} - 1}{\dfrac{E_f}{E_m} + 2\dfrac{L_f}{d_f}}, \qquad \eta_T = \frac{\dfrac{E_f}{E_m} - 1}{\dfrac{E_f}{E_m} + 2}, \qquad \eta_G = \frac{\dfrac{G_f}{G_m} - 1}{\dfrac{G_f}{G_m} + 2} \tag{4.45}$$

である。短繊維がランダムの場合には異方性はなく，次式となる。

$$E_{random} = \frac{3}{8} E_L + \frac{5}{8} E_T \tag{4.46}$$

$$G_{random} = \frac{1}{8} E_L + \frac{1}{4} E_T \tag{4.47}$$

$$\nu_{random} = \frac{E_{random}}{2 G_{random}} - 1 \tag{4.48}$$

詳細は引用・参考文献2)に記載されている。

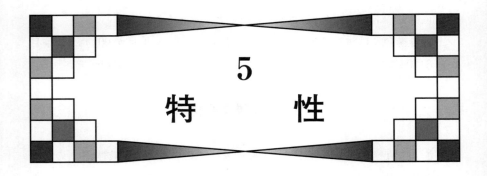

5

特　性

5.1　静　的　試　験

　FRPでは樹脂と比較して繊維の弾性率と強度が非常に高いため，特に一方向強化FRPにおいて引っ張る方向により物性値が大きく異なる。このような特性は異方性と呼ばれ，従来の金属材料やセラミックス材料には見られないFRP特有の特徴である。

　通常FRPの引張特性は短冊形に切り出した積層板の両端に把持用のタブを接着し，変位速度一定で引っ張り，荷重とひずみを測定することで評価する[1]。一方向強化FRP（カーボン/エポキシ）の繊維配向方向 θ を15°ずつ変化させた場合の静的引張試験から得られた応力-ひずみ線図を**図5.1**に示す。破断まで線形的に応力が増加し，破断伸びは通常0.5～2％程度と小さい脆性

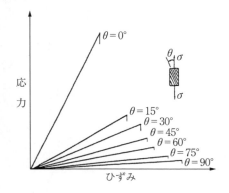

図5.1　一方向強化FRPの応力-ひずみ線図（負荷方向を変化させた場合）【出典：強化プラスチック協会：だれでも使えるFRP — FRP入門，p.99（2002）】

材料である。なお，積層構成［±θ］のアングルプライ積層板や織物積層板の場合，引張りにより繊維配向がわずかに変化し，応力-ひずみ線図は非線形性を示す。

応力の最大値は強度を示し，応力ひずみ線図の傾きは引張弾性係数を表す。この強度または引張弾性係数と繊維配向角度の関係を図5.2と図5.3にそれぞれ示す。図より，強度と弾性係数ともに繊維配向角度が0°のときに最大値をとり，90°のときに最小値を示す。特に注意すべき点は，90°付近と比較して，0°度付近での繊維方向のわずかなずれは，強度と弾性係数を大きく低下させる。引張りだけでなく，圧縮，曲げやねじり，せん断などを受ける場合の強度や弾性係数なども方向によって変化し，異方性を示す。

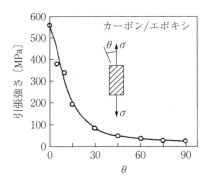

図5.2 一方向強化FRPの引張強度の異方性【出典：強化プラスチック協会：だれでも使えるFRP―FRP入門，p.100（2002）】

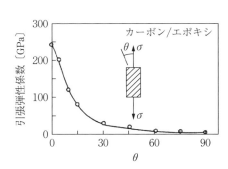

図5.3 一方向強化FRPの引張弾性率の異方性【出典：強化プラスチック協会：だれでも使えるFRP―FRP入門，p.100（2002）】

表5.1に各種FRPおよび金属材料の引張特性の値を示す。FRPはいずれも一方向強化であり，繊維体積含有率は60％である。同じカーボン繊維でも種々の強度の繊維があり，強化繊維の種類によりFRPの強度も大きく変化するため，ここで示されたデータは文献，カタログからピックアップした一例であることに注意する必要がある。なお，ここでは引張特性についてのみ示したが，一方向強化材において繊維方向については圧縮の弾性係数と強度は引張り

表 5.1 各種 FRP および金属材料の引張特性の比較【出典：強化プラスチック協会：だれでも使える FRP ― FRP 入門, p.105（2002）を一部修正】

項目＼種類	GFRP	CFRP	AFRP	炭素鋼 SS400	炭素鋼 SK5	Al 合金 (5056T6)	Ti 合金
密度 〔g/cm^3〕	2.0	1.6	1.4	7.8	←	2.8	4.5
引張強さ 〔MPa〕	1 000 ～1 200	1 750 ～2 000	1 470	400 ～450	1 370	470	960
比強度 〔$MPa \cdot cm^3/g$〕	500 ～600	1 100	11.5	51～58	175	170	210
引張弾性係数 〔GPa〕	42	125 ～300	78	206	←	75	108
比弾性係数 〔$GPa \cdot cm^3/g$〕	21.5	78 ～187	57	26.4	←	27	25

GF：ガラス繊維, CF：炭素繊維, AF：アラミド繊維

の弾性係数と強度よりもそれぞれ小さいことが多い。FRP の圧縮強度は, 繊維の引張強度とはあまり関係せず, 樹脂のせん断弾性係数と繊維体積弾性率に依存することが知られている。これはせん断破壊および繊維の**微小座屈**（micro buckling）が圧縮破壊の代表的な破壊機構であることに起因する。また, 図

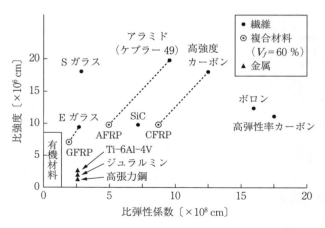

V_f は繊維の体積含有率

図 5.4 各種材料の比強度・比弾性係数【文献：福田 博, 邊 吾一：複合材料の力学序説, p.3, 古今書院（1989）】

5.4に各種材料における比弾性係数と比強度の値をプロットした結果を示すが，従来の有機材料や金属材料と比較して非常に高い値を持つことがわかる。

FRPの特性は繊維の特性に強く影響を受ける。繊維の破断伸びは樹脂の破断伸びより通常小さく脆性材料であるため，FRPの強度は繊維の強度，つまり繊維内の小さな欠陥に依存し，大きなばらつきを持っている。そのためFRPの強度分布は一般に極値分布であるワイブル分布に従うことが知られている。体積 V のFRPの強度が x 以下である累積確率は

$$F(x) = 1 - \exp\left\{-\frac{V}{V_0}\left(\frac{x}{\beta}\right)^\alpha\right\} \tag{5.1}$$

で表される。ここで，V_0 は基準体積，α は形状母数，β は尺度母数といい，α の値が大きいと分布の幅が小さくなり，したがってばらつきが小さい。また，確率密度関数は次式で表される。

$$f(x) = \frac{dF(x)}{dx} = \frac{V}{V_0}\frac{\alpha}{\beta}\left(\frac{x}{\beta}\right)^{\alpha-1}\exp\left\{-\frac{V}{V_0}\left(\frac{x}{\beta}\right)^\alpha\right\} \tag{5.2}$$

なお，炭素繊維の形状母数 α は5程度であり，CFRP一方向強化材の繊維方向の形状母数 α は10〜20程度になることが多い。**図5.5**に炭素繊維（T300）単体とFRPにした際の強度の確率密度を示す。FRP化することで，分布の幅が小さくなり，強度のばらつきが小さくなり，ここでも複合化の利点が現れている。

また，FRPの熱膨張係数と繊維配向角度の関係を**図5.6**に示す。これは一方向FRPにおいて繊維方向（0°）と繊維直交方向（90°）の**熱膨張係数**（coefficient of thermal expansion）がそれぞれ $-0.9 \times 10^{-6}/℃$ および，$27 \times 10^{-6}/℃$ として求めた値であるが，実験値もこの計算値によく一致することが知られている。擬似等方FRPの場合は，方向によらず面内特性は等方的であるため，繊維配向角度によらず，熱膨張係数は一定である。一方向FRPやアングルプライ積層FRPの場合，強度や弾性係数と同様に，熱膨張係数も繊維配向角によって変化する。$\theta = 0°$ または90°では，一方向とアングルプライ積層はどちらも同じ一方向強化FRPとなり，熱膨張係数の物性は一致する。

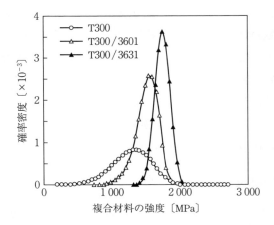

図 5.5 CFRP での繊維の強度分布と複合材の強度分布の関係【出典：三木光範ら：複合材料, p. 93, 共立出版 (1997)】

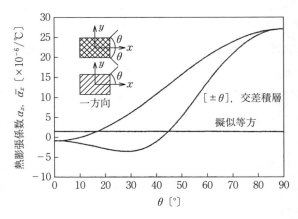

図 5.6 FRP の熱膨張係数の異方性【出典：強化プラスチック協会：だれでも使える FRP — FRP 入門, p. 100 (2002)】

一方向強化 FRP の場合は単純な複合則で熱膨張係数が予測できるが，熱膨張係数は $\theta=0°$ でほぼ炭素繊維の物性値に，$\theta=90°$ で樹脂の値に近くなるため，繊維直交方向は大きな熱膨張係数を持つ．注意すべき点として，炭素繊維の熱膨張係数は負のため，$\theta=0°$ における一方向またはアングルプライ積層

FRP熱膨張係数は負の値となり，温度上昇に伴い材料は縮む。また，一方向FRPの場合は，配向角度が0°から90°まで熱膨張係数も単調に増加するが，アングルプライ積層の場合は，$\theta=30°$付近で最小の熱膨張係数を示す。これら熱的性質のほかに電気的特性や粘弾性的性質も異方性を示す。

5.2 疲労試験

材料に荷重を負荷した場合に，その材料の内部で生じる応力が材料の持つ強度に達するとその材料は破壊する。一方で，材料に繰返し荷重が負荷された場合には，その材料の内部で生じる応力が材料の持つ強度以下であっても破壊することがある。これを材料の**疲労破壊**（fatigue fracture）という。実製品では運用中に繰返し荷重が作用することが多いため，疲労試験は製品の耐久性を保証するための重要な試験の一つである。疲労破壊が生じる原因は，材料が破壊する強度以下の応力であっても，材料の内部で多数の微小な**き裂**（crack）が生じて，そのき裂の中のいずれかが繰返し負荷によって大きく成長して最終破壊に至るためである。

金属材料においては，繰返し負荷による局所的塑性変形の非可逆成分が累積して疲労き裂が発生する[2]。繰返し負荷の一回ごとにき裂が開閉口することによってき裂が進展して，最終破壊に至る。したがって，塑性変形する材料では疲労破壊が生じる。FRPに用いられるガラス繊維や炭素繊維は塑性変形しない脆性材料であるため，繰返し負荷によっては疲労破壊しないと考えられている（ガラスや炭素繊維などの脆性材料の疲労は，繰返し負荷によって強度が低下するのではなく，一定荷重を負荷し続けることで強度が低下する静疲労である。ただし，繰返し負荷によって疲労破壊するとの研究報告もある[3]。一方で，母材樹脂は塑性変形するから，FRPが繰返し負荷を受ける場合には，母材樹脂に起因して疲労破壊が生じる。ただし，ガラス繊維や炭素繊維の引張強度にはばらつきがあり（引張破壊確率はワイブル分布に従う），低応力下でも繊維の破断は生じるから，繊維の破断箇所からき裂が進展して疲労破壊が生じるこ

とも考えられる。さらに，FRP は繊維と樹脂との複合材料であるため，複合材料に特有の異種材界面のはがれや不均一性に伴う内部での応力集中などによって微小損傷が生じやすい。FRP の典型的な損傷モードとしては，繊維と樹脂との間における**界面割れ**（debonding），**母材割れ**（matrix crack），**縦割れ**（splitting），**層間はく離**（delamination）などがある。低応力下でこれらの損傷が生じて，繰返し負荷によって進展して剛性低下を導き，最終的に繊維破断などにより終局破壊に至る。

　FRP の疲労特性は，繊維と樹脂との種類，繊維体積含有率，強化形態，積層構成，層厚さなどに依存する。したがって，繊維と樹脂との種類が同じであっても繊維体積含有率や強化形態，積層構成，層厚さなどが異なる FRP が無数に存在して，それぞれ疲労特性が大きく異なることもあるから，疲労データのハンドブックを作ることが難しい（疲労データは，例えば文献4），5）を参照）。すなわち，構造信頼性を保証するためには，それぞれの材料構成において疲労試験が必要になる場合が多い。

　FRP の場合，一軸の引張-引張疲労試験が行われることが多い。これは，FRP が薄板として利用されるため，圧縮荷重を負荷すると座屈破壊しやすいためである。引張-引張の疲労試験方法については JIS K 7083「炭素繊維強化プラスチックの定荷重引張-引張疲れ試験方法」で規格化されている。また，平板の曲げ疲労は JIS K 7082「炭素繊維強化プラスチックの両振り平面曲げ疲れ試験方法」にある。

　疲労試験は，負荷を周期的に増大および減少させて，材料が疲労破壊するまで繰返し負荷を与える試験である。**図 5.7** に荷重変動を正弦波とした場合の負荷による試験片の応力と経過時間との関係を示す。周期的に負荷する最大応力を σ_{max}，最小応力を σ_{min} という。これより平均応力 σ_{mean} と応力振幅 σ_a は

$$\sigma_{mean} = \frac{(\sigma_{max} + \sigma_{min})}{2} \tag{5.3}$$

$$\sigma_a = \frac{(\sigma_{max} - \sigma_{min})}{2} \tag{5.4}$$

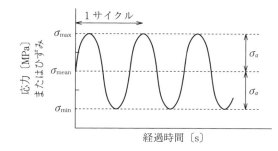

図 5.7 疲労試験における応力変動と経過時間

である。また，応力比 R をつぎのように定義する。

$$R = \frac{\sigma_{\min}}{\sigma_{\max}} \tag{5.5}$$

なお，$R = -1$ ： 完全両振り

$R = 0$ ： 引張の完全片振り

$R = -\infty$ ： 圧縮の完全片振り

$-1 < R < 0$ および $-\infty < R < -1$ ： 部分両振り

$0 < R < 1$ および $1 < R < \infty$ ： 部分片振り

（$0 < R < 1$ は引張の部分片振り，$1 < R < \infty$ は圧縮の部分片振り）

である。

　平均応力を一定として，応力振幅（または最大応力）を縦軸に，破壊に至るまでの繰り返し数（疲労寿命）を横軸にとって疲労試験の結果をプロットしたグラフを S-N 曲線（S は stress，N は number of cycle to failure の頭文字）という。または，疲労寿命線図とも呼ばれる。S-N 曲線の例を**図 5.8** に示す。多数の同一試験片を準備して，応力振幅を変えて疲労試験を実施して，破壊が生じたときの繰返し数とその応力振幅とから S-N 曲線を描くことができる。なお，疲労破壊を生じずに試験を終了した場合には，プロット点に右向きの矢印をつけておいてそのことを示す（例えば，図 5.8 における 10^7 の試験プロット）。この S-N 曲線より，その材料の繰返し応力下における疲労寿命を予測することができる。ある繰返し数における S-N 曲線上の応力は，その繰返し数（疲労寿命）に達すると破壊することを意味するため時間強さ（または時間強

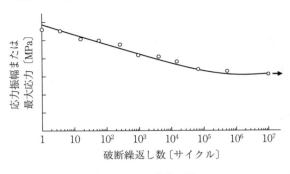

図 5.8 S-N 曲線の例

度)という。

　疲労破壊に至るまでの繰返し数は応力振幅や平均応力に依存する。応力振幅が小さくなるほど，破壊に至るまでの繰返し数は増加する。一方で，繰返し荷重がある応力振幅以下では，何度繰返し負荷を与えても破壊が生じない応力，すなわち S-N 曲線が水平になる限界の応力があり，これを**疲れ限度**（または**疲労限度**，fatigue limit）という。時間強さと疲れ限度とを総称して，疲れ強さ（または疲労強度）という。FRP では材料構成によって異なるが，疲れ限度を示さないものが多い。鉄鋼材料では明確な疲れ限度を示し，アルミニウム合金のような非鉄金属では示さない。

　S-N 曲線では平均応力による影響を表すことができない。そこで応力振幅と平均応力とが時間強度に与える影響を表すために，**図 5.9** のような疲労限度線図（または等寿命線図）が用いられる。これにより，任意の平均応力が作用する場合の疲れ限度に対する応力振幅が容易に求められるので便利である。鉄鋼材料の場合には，平均応力が 0 のときに疲れ限度に対する応力振幅が最大となることが多いが，FRP の場合には，図 5.9 のように各疲労寿命において応力振幅が最大となるのは平均応力が 0 のときではないことがある。図 5.9 は，引張強度よりも圧縮強度が低い FRP の場合の例である。

　実機を模擬した実証試験などにおいては，ある繰返し数ごとに試験条件を変更することがある。応力変動条件が運用中に変化する場合に最も単純に疲労寿

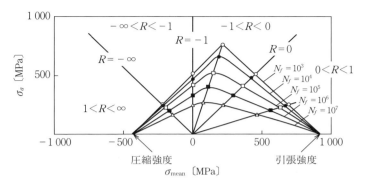

図 5.9 疲労限度線図

命を予測する方法として**マイナー則**（Miner's rule）がよく知られている。**図 5.10** のように，ある応力変動条件における繰返し数がそれぞれ n_1, n_2, $\cdots$, n_i, $\cdots$, n_n 回であったとする。この応力変動条件における疲労寿命がそれぞれ N_1, N_2, $\cdots$, N_i, $\cdots$, N_n 回であったとすれば，次式が成立した時点で疲労破壊が生じるとする。

$$\sum_{i=1}^{n} \frac{n_i}{N_i} = 1 \tag{5.6}$$

n_i/N_i は i 番目の条件下において実際に加えられたサイクル数とその条件下における疲労寿命との比率である。各応力変動条件下での繰返し負荷がこの比率で疲労破壊に寄与するとして，この合計が1になると疲労破壊が生じること

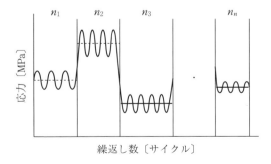

図 5.10 損傷の加算性

を意味している。この法則は経験に基づくものであり，金属材料とは異なりFRPの場合にはさまざまな破壊モードが存在し，また，それらの相互作用によって最終破壊を生じる。マイナー則による疲労破壊の予測手法は最もシンプルで理解しやすいが，破壊モードが多いFRPに適用するには注意が必要である。

FRPの疲労特性に与える試験条件以外の影響因子としては，温度や湿度，紫外線などの環境因子がある。高温環境下や低温環境下，高湿度環境下などでは樹脂特性が変化するために，疲労特性も変化する。また，紫外線などによる母材樹脂の材料劣化も疲れ強度を低下させる要因になる。

機械・機器部材の破壊事例の原因別分類をまとめると，熱疲労・腐食疲労を含めた疲労による破損事例が約 80 %を占めている[6]。これは金属材料についてであるが，FRPの利用拡大と使用期間の長期化とから，FRP製品においてもその破損事例に占める疲労破壊の割合が今後増えてくると想定される。今後FRPにおける疲労データのより一層の蓄積が必要である。

5.3 衝 撃 試 験

衝撃特性は，材料が衝撃荷重を受ける際に吸収または散逸するエネルギーの量で評価される。衝撃荷重としては，工具落下による低速衝撃から弾丸による高速衝撃までさまざまあるが，特にひずみ速度依存性が強い材料においては，静的特性と衝撃特性は異なり，破壊の様相も変わってくるため，衝撃試験による評価が必要となる。

樹脂とFRPの衝撃特性評価には**シャルピー衝撃試験**（Charpy impact test）または**アイゾット衝撃試験**（Izod impact test）がよく用いられる。シャルピー衝撃試験，アイゾット衝撃試験では，梁状試験片にハンマーをぶつけ，破壊に要したエネルギーを計算し，耐衝撃性を評価する。**表5.2**に各種GFRP，鉄鋼，非鉄鋼各種材料の耐衝撃性を強度や弾性率と併せて示す。軟鋼などと比較してGFRPは比較的高い引張強度を持つが，耐衝撃性についてはかなり劣ることがわかる。また，異なる強化材構造を持つGFRP間で比較すると，静的

表5.2 各種材料の耐衝撃性【出典：強化プラスチック協会：だれでも使えるFRP―FRP入門, p.112（2002）】

材料		σ_{PL} [MPa]	σ_y [MPa]	σ_B [MPa]	E [GPa]	δ	U_e [kJ/m³]	U_{max} [kJ/m³]	シャルピー値 [kJ/m²]
GFRP	朱子織クロス	255	―	392	21.6	―	15.2	35.3	127
	平織クロス	196	―	294	15.7	―	12.2	724	118
	マット	98.0	―	118	8.82	―	5.4	17.6	98
鉄鋼	炭素鋼(0.10C)	176	176	274	206	0.44	0.7	1 100	980～
	炭素鋼(0.25C)	265	304	519	〃	0.36	1.7	1 480	1 470
	炭素鋼(0.50C)	529	588	921	〃	0.11	6.8	833	686
	ばね鋼	970	970	1 519	〃	0.03	22.5	372	―
	鋳鉄	44.1	―	137	103	0.005	0.1	4.9	19.6
非鉄系	青銅	274	274	451	98.0	0.20	3.8	725	―
	銅	29.4	―	196	101	0.56	0.04	656	―
	Al合金	304	392	529	70.6	0.14	6.6	647	294

σ_{PL}：比例限応力, σ_y：降伏点応力, δ：伸び, U_e：最大弾性ひずみエネルギー, U_{max}：最大ひずみエネルギー
（注）金属材料の特性値のいくつかは代表値。合金組成，熱処理が変われば，それらの値も変わる。

引張強度の大小ほどシャルピー値に大きな差は現れない。また，**表5.3**にGFRPのアイゾット衝撃値とポリエステル樹脂のタイプについて示す。強化材が同じであっても樹脂のタイプが異なれば，衝撃強度も異なることがわかる。

構造によく用いられているFRP積層板の場合，積層構造であることから層間強度が弱く，比較的弱い面外方向からの衝撃によっても容易に繊維破断や割れを伴う層間のはく離が発生する。この損傷は，層間はく離と呼ばれており，

表5.3 GFRPのアイゾット衝撃値とポリエステル樹脂のタイプFRP入門より【出典：強化プラスチック協会：だれでも使えるFRP―FRP入門, p.112（2002）】

樹脂の種類	ガラス重量含有率 [%]	アイゾット衝撃値 [J/mm²]	バーコール硬さ	引張強度 [MPa]
オルソ系	40	―	―	150
イソ系	40	0.57	45	190
ビス系	40	0.64	40	120
ヘット酸系	40	0.37	40	140
ビニルエステル	40	―	―	160

積層板特有の損傷モードである。**図 5.11** に FRP 積層板の衝撃速度と損傷寸法または残留強度の関係を示す。衝撃速度が小さい範囲では，衝撃によって損傷は生じず強度低下もないが（領域 I），ある程度の衝撃速度になると，衝撃速度の大きさに比例して，損傷領域は増大し，それに伴って残留強度が低下する（領域 II）。損傷領域と残留強度は，領域 III でそれぞれピークを持ち，この領域を超えると，衝撃物体が積層板を貫通するため，損傷寸法は小さくなり，残留強度も一定値に収束し，衝撃速度には依存しなくなる。

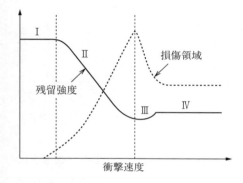

図 5.11 衝撃後積層板の残留静的強度【出典：P. K. Mallick：Fiber reinforced composites, p. 316, Taylor & Francis Group, LLC（2007）：文献 7）を参考にして作図】

積層板内に層間はく離が存在する場合，特に圧縮荷重下において，はく離部の局所的な座屈が容易に生じ，これに起因した全体的な座屈を誘発することから，結果的にもともと低かった圧縮強度がさらに低下し得る。層間はく離は内部損傷であるため目視による検出は困難であり，FRP 構造の信頼性低下につながる。航空・宇宙機においても，バードストライク，雹の衝突，滑走中における着陸装置による落下物の跳ね上げ，メンテナンス中の工具落下および被弾等，物理的衝撃を受ける可能性が存在し，層間はく離を伴う損傷は少なくない。したがって，現用の航空機用 CFRP 構造においては，運用中に発生し得る特定の大きさの面外衝撃荷重によって損傷が発生したあとの圧縮強度，すなわち，**衝撃後圧縮**（compression after impact, **CAI**）強度を強度基準の一つとして設けることで CFRP 積層板の信頼性を確保している。実際にいくつかの試験

方　法（National Aeronautics and Space Administration（NASA）[8]，American Society for Testing and Materials：ASTM 法[9] など）として規格化されており，多くの実験および解析による研究報告がなされている。図 5.12 に FRP の衝撃後圧縮試験のセットアップを示す。衝撃損傷位置を中央に設定し，座屈を防ぐための溝のついた座屈防止治具を試験片両端に設置し，圧縮試験を行う。

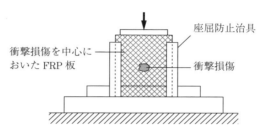

図 5.12　衝撃後圧縮強度試験のセットアップ【出典：P. K. Mallick：Fiber reinforced composites, p. 317, Taylor & Francis Group, LLC（2007）】

図 5.13 に CFRP の層間破壊靭性と衝撃後圧縮強度の関係を示す。層間破壊靭性値が $200\,\mathrm{J/m^2}$ から $500\,\mathrm{J/m^2}$ と高くなると，CAI 特性は大きく向上する傾向にあるが，層間破壊靭性が $1\,000\,\mathrm{J/m^2}$ を超えると，CAI 特性は変わらなくなる。このように靭性を向上させると一般的に CAI 特性は向上するが，図 5.14 に示すように高温高湿時の圧縮強度低下を招くことが多い。したがって，使用される環境に応じて CAI 特性と高温高湿時圧縮強度のバランスをとることが重要になる。なお，近年は層間に高い靭性を持つ熱可塑性樹脂粒子を混入した高靭化 FRP もあり，航空機に用いられている。また，衝撃後圧縮強度とモード II の破壊靭性値が実験的に対応することが知られており，モード II の評価が重要視されている。

以上のように FRP における面外衝撃荷重の問題はきわめて重大である。そのため，面外衝撃荷重により発生するはく離損傷の発生阻止と発生後の有効的な検出手法が FRP における重要課題の一つである。

114   5. 特　　　　　性

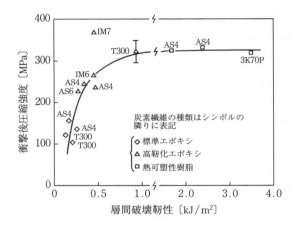

衝撃エネルギー 6.7 J/mm

図5.13　CFRP の層間破壊靱性と衝撃後圧縮強度の関係【出典：P. K. Mallick：Fiber reinforced composites, p. 318, Taylor & Francis Group, LLC（2007）】

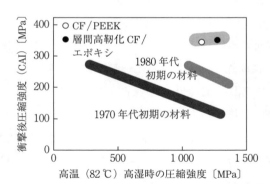

図5.14　衝撃後圧縮強度と高温高湿時の圧縮強度の関係【出典：三木光範ら：複合材料, p. 165, 共立出版（1997）】

5.4 耐候性試験

　FRP の耐候性とは，屋外にて太陽光や風雨にさらされ続けても，材料が変質（劣化）して変色，変形したり，力学特性の低下を生じにくい性質のことである。FRP ではおもに，母材樹脂においてこのような環境劣化が生じやすい。従って，ガラスやカーボン繊維などで補強した FRP では，母材と比較すると強化繊維が環境劣化しにくく，また強化繊維が太陽光をさえぎって母材樹脂の劣化を抑制するため，母材樹脂単体と比較すると耐候性に優れる。このことは，FRP 製品では洗濯ばさみやポリバケツのような樹脂のみの製品のように劣化して割れることがほとんどないことからも理解できる。ただし，吸水によって繊維と樹脂との界面が劣化して界面はく離を生じることがあり，この界面をつたって吸水するために FRP の吸水量が増えることがある。

　屋外環境下にて母材樹脂が劣化する原因としては，太陽光の照射や加熱による酸化，雨水や結露による加水分解である。この結果として，変色や変形，力学特性の低下が生じる。なお，太陽光による劣化は，紫外線，可視光線，赤外線の中で，波長が最も短く大きなエネルギーを持っている紫外線が原因である。

　耐候性を評価する耐候性試験としては，屋外に材料を設置して，実際の天候状況下で試験を行う屋外暴露試験と，試験装置内に屋外環境下を人工的に作り出した環境下で試験を行う促進耐候性試験とがある。

　屋外暴露試験では，屋外に材料をおいて実際の天候状況下で試験を行うため，異なる地域，例えば，熱帯気候と寒帯気候地域とで同じ期間の屋外暴露試験を実施した場合でも，劣化の速度や劣化の種類には差異が生じる。また，同じ場所での試験であっても，天候の年ごとのばらつき（気温，湿度，日照時間，降水量など）があるため，その影響を低減するためには最低 2 年以上継続して試験することが必要であるとされている。しかしながら，その再現性を保証するものではない。

　一方で，促進耐候性試験では，試験装置内で屋外暴露試験を模擬した環境を

人工的に作り出して試験を行う。または，屋外暴露条件よりも厳しい条件を設定することにより，屋外暴露試験よりも短い時間で耐候性を評価する加速試験が可能である。さらに，例えば紫外線照射による影響のみなど，ある環境因子による劣化のみを調査することもできる。加速試験では，具体的には照射量，照射時間，湿度，温度，降水量などの各条件を組み合わせて1サイクルの試験条件を設定し，そのサイクルを繰り返すことによって試験を実施する。したがって，屋外暴露試験のように試験条件に変動はなく，正確な評価が可能である。促進耐候性試験がどの地域における何年分の屋外暴露試験に相当するかについては，加速試験の各条件と屋外暴露条件との相関関係が必要となるが，すでに十分な試験実績があり，屋外暴露試験の数倍から数十倍の速さで試験が実施可能である。

耐候性試験の実施方法については日本工業規格（JIS）で規格化されている。屋外暴露試験法については JIS K 7219「プラスチック ― 屋外暴露試験方法」に，試験装置を用いた暴露試験方法については JIS K 7350「プラスチック ― 実験室光源による暴露試験方法」に規定されている。これらの試験法では，試験片を用いて所定の暴露を実施後，試験片の観察を行い，その後，材料試験機を用いて力学特性を測定することにより，耐候性を評価する。また，FRP については JIS K 7081「炭素繊維強化プラスチックの屋外暴露試験方法」がある。

上述のように，FRP では環境因子によって材料が劣化するが，その耐候性は繊維の種類や繊維体積含有率，強化形態，母材の種類などによって異なる。一般的には，FRP 製品の表面にはゲルコートや塗装などが施されるため，ゲルコートや塗装膜によって太陽光や雨水の FRP への侵入が遮断または抑制されることにより，耐候性を大幅に向上させることができる。

FRP はタンクや浄化槽，橋梁などの土木建築分野や，自動車や航空機，船舶，鉄道などの輸送機器分野などの屋外環境下で広く使用されており，その実績も多い[10),11)]。適切な表面処理や運用中の管理，補修によって，FRP は長期間の屋外使用にも耐え得ることが実証されている。

5.5 耐 食 試 験

　FRPの耐食性とは，水や薬液などによる腐食環境下において材料劣化が生じにくい性質のことであり，耐水性，耐薬品性，耐溶剤性，耐油性などが含まれる。腐食環境下においてFRPが劣化すると，外観上の変化と力学特性の低下とが生じる。外観上の変化としては変色・脱色が生じ，また，割れ，はく離，膨れ，損耗，溶出，ピンホール，ピットなども発生する。

　腐食環境下におけるFRPの劣化は，①樹脂の劣化，②繊維の劣化，および③繊維と樹脂との界面の劣化とに分けられる。繊維は母材樹脂に覆われているため，まずは樹脂が劣化するから，樹脂の耐食性がFRPとしての耐食性に重要な役割を果たす。その後，樹脂が溶解して繊維が露出すると繊維や界面が劣化して，FRPの力学特性の低下を導く。

　一般的にFRPは優れた耐食性を有しているため，水（真水，雨水，海水，温泉水，排水など）や各種薬液，廃液用の貯槽など，高い耐食性が求められる用途において用いられている。ただし，樹脂や繊維の耐食性はその種類によって異なるため，用途によって適切な樹脂や繊維を選択する必要がある。

　いくつかの樹脂の薬液に対する耐食性をまとめたものを**表5.4**に示す。腐食

表5.4 樹脂の耐食性[12]【出典：日本複合材料学会 編：複合材料活用辞典，pp. 671-677（2001）】

	酸	酸化性酸	塩類	アルカリ	有機溶媒
不飽和ポリエステル樹脂	◎	◎	◎	○	×
ビニルエステル樹脂	◎	◎	◎	◎	○
エポキシ樹脂	○	×	○	◎	△
フェノール樹脂	◎	×	◎	×	◎
フラン樹脂	◎	×	◎	◎	◎
ポリエチレン樹脂	○	△	○	○	×
フッ素樹脂	◎	◎	◎	◎	◎
ポリ塩化ビニル樹脂	◎	◎	◎	○	×

◎：十分耐える，　○：耐える，　△：条件による耐える，　×：耐えない

環境下における樹脂の劣化は，物理的劣化と化学的劣化に分類される。物理的劣化は吸水が原因であり，乾燥させて侵入した水分が完全に排出されれば元の状態に戻る。一方で，化学的劣化は薬液などの侵入によって生じる高分子鎖の切断や溶出などが原因であり，乾燥させても元の状態には戻らない。

繊維の耐食性もその種類によって異なるが，経済的な理由からガラス繊維が広く用いられている。Eガラスは水環境下では静疲労によって引張強度が低下し，耐酸性が比較的低い。Cガラスのほうが耐酸性に優れるが，耐アルカリ性が低い。ARガラスは耐アルカリ性を改善したものである。ポリエステル繊維やアラミド繊維などは耐アルカリ性に優れる。炭素繊維は耐薬品性に非常に優れるが，ガラス繊維と比較して高価である。

FRPの耐薬品性の評価方法は，JIS K 7070「繊維強化プラスチックの耐薬品性試験方法」において規定されている。ここではJIS K 7070を参考にして，その試験方法を簡単に説明する。標準試験片として縦横の長さが840 mm×660 mm，厚さが3.5〜4.2 mmの対称積層板を用意する。積層構成は**図5.15**に示すようにガラス繊維マットによる3層積層とし，サーフェシングマットによる表層を両面に置く。ただし，これ以外のものを試験片としてもかまわないが，その場合には製品と同一の積層構成，樹脂質量含有率および成形方法によって試験片を製作する必要がある。なお，標準試験片では，表層は樹脂質量含有率が85 %以上，中間層では73±5 %にすることが定められている。

図5.16のように，標準試験片の中央部から樹脂質量含有率測定用の試験片とバーコル硬さ測定用の試験片とを切り出す。上記の試験片を切り取った残り

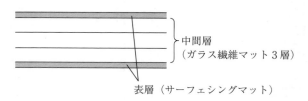

図5.15 耐薬品性試験における標準試験片の積層構成[13]
【出典：JIS K 7070「繊維強化プラスチックの耐薬品性試験方法」】

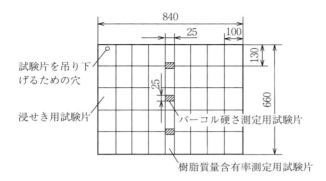

図 5.16 試験片の切り出し位置[13]【出典：JIS K 7070「繊維強化プラスチックの耐薬品性試験方法」】

の部分から，100 mm × 130 mm の浸せき用の試験片を切り出す。試験片を吊り下げた状態で浸せき試験を実施する場合には，吊り下げ用の穴を加工しておく。なお，端面（切出し面）と吊り下げ用の穴の内面は繊維が露出した状態であるから，パラフィンワックス入りの樹脂を塗布して，これらの面からの劣化の進行を抑制する。

　浸せき試験は試験片を完全に浸せきさせた状態で実施し，浸せき容器や他の試験片とは接触しないようにする。浸せき試験は規定温度で一定に保つために恒温槽内で実施する。試験期間は原則1年間とし，試験開始前および試験期間内の一定時間ごとに下記項目を検査する。

① 外観変化の測定

② 厚さの測定

③ 質量の測定

④ バーコル硬さの測定

⑤ 曲げ弾性率，曲げ強度の測定

　以上の結果より，FRPの浸せき前と浸せき後の外観の変化と力学特性の変化から，耐食性を評価することができる。

5.6 クリープ試験

5.6.1 はじめに

材料に一定の荷重を加え続けると時間の経過とともに変形が増大し，場合によっては破壊に至ることもある。このような現象を**クリープ**（creep）という。各種構造物の設計において長時間負荷後の変形の程度や寿命を評価するために，使用材料のクリープ特性を把握することは重要である。

ここで，CFRP のクリープ特性について考えてみよう。CFRP の強化材である炭素繊維は，CFRP の通常の使用温度下ではクリープ現象を示さない。一方，マトリックスである高分子材料は，たとえ常温下での弾性限度内の小さな荷重によってもクリープ現象を示し，これは温度の上昇とともに顕著となる。このことから，CFRP は通常の使用温度下でもクリープ現象を示すことが容易に推測される。高分子材料のクリープに見られる時間や温度によって変化する力学的特性は弾性固体と粘性流体の両特性を併せ持ったものとみなせることから，このような特性を**粘弾性**（viscoelasticity）と呼んでいる。これは，ある温度条件下で塑性変形などの非可逆的変形によってクリープ現象を示す金属などの力学的特性[14]とは本質的に異なるので，CFRP を用いた構造物を設計する際には注意を要する。

本節では，まず高分子材料の構造と粘弾性の関連について簡単に述べ，次いで高分子材料およびこれをマトリックスとする CFRP のクリープ特性について述べる。

5.6.2 高分子材料の構造と粘弾性[15]

金属のような結晶性材料はかなり規則正しく配列された原子から成り立っているが，高分子材料は長い鎖状分子ないしは網目状分子の集合体である。ここでは，構造の簡単なポリエチレンを例にとって説明する。**図 5.17**（a）はエチレン分子 C_2H_4 の構造式である。ポリエチレンは，図（b）のように，エチレン

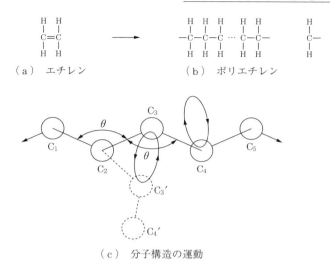

(a) エチレン　(b) ポリエチレン

(c) 分子構造の運動

図 5.17 ポリエチレンの分子構造[15]【出典：國尾　武：時間および温度に依存する粘弾性固体の力学的挙動 — 粘弾性に関する基礎事項，材料システム，**6**，p.7（1987）】

分子の C=C 部の 2 重結合が開いて n 個結合された長い鎖状分子（$-CH_2-CH_2-)_n$ である。n を**重合度**（degree of polymerization）といい，溶融時の流動性や固化時の力学的性質に重大な影響を及ぼす。鎖状分子の構造の特徴は，図（c）に示すように，主鎖を構成している $-C-C-C-$ が一直線上に並んでいないことと，固有の原子価角 θ を保ちながら，C-C 軸のまわりに熱エネルギーの力を借りて，かなり自由に回転することができることである。

　巨大長鎖分子が集合すれば当然，それらの間に分子間力が作用するようになる。一般に，分子間力は巨大分子を構成している化学結合力（共有結合）に比べるとはるかに弱く，温度が高くなると著しく弱められる。高温では，鎖状分子は絶えず形を変え，伸びたり縮んだりして不規則な運動（ミクロブラウン運動）をする。ところで，分子間力がまったくない場合には，各鎖状分子は外力によってたがいにすり抜けることができ，変形が進むであろう（**図 5.18**（a））。しかし，3 次元網目状高分子（例えばゴム，エポキシ樹脂）では鎖状分子のところどころが架橋されていて，無制限の変形が起こらない（図 5.18（b））。

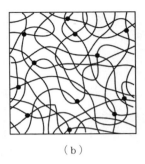

図5.18　網目状高分子における分子鎖の架橋

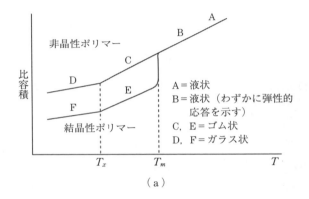

(a)

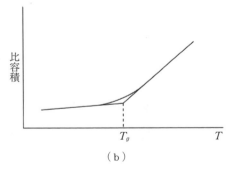

(b)

図5.19　高分子材料の温度と比容積の関係

図5.19（a）は鎖状高分子の温度に対する体積変化を示す図である。図中の T_m は凝固（融解）温度であり，結晶性樹脂ではこの温度はかなりはっきりし

ているが,アモルファスなものでは明確な値を示さない.しかし,両者に共通していることは,$T_g \sim T_m$ の温度範囲ではいずれの樹脂もゴム状の力学挙動を呈し,また T_g 以下の温度では硬いガラス状の力学挙動を示すことである.このような温度 T_g を**ガラス転移点温度**(glass transition temperature)という.なお,同図では T_g で直線の勾配が急変しているように描いてあるが,実際は図 5.19(b)の詳細図のように漸変しているから,便宜上低温側と高温側の直線を延長した交点の温度を T_g としている.T_g 以下で温度に対する体積変化が小さいのは,この領域ではミクロブラウン運動がほとんど停止しており,温度による分子の振動のみが寄与しているのに対し,T_g 以上では分子振動に加えてミクロブラウン運動による体積変化があり,体積変化率が大きくなるためである.したがって,T_g は高分子材料の温度による力学挙動を特徴づける重要なパラメータである.

ところで,高分子材料の外負荷による力学応答は,低温ではガラス状弾性として瞬間的であり,また高温での理想的なゴム弾性では,ほとんど瞬間的とみなせる.しかし,それらの中間温度では分子の構造に起因する応答の遅れが生じ,かつこの時間的な応答の遅れは温度に関係する.つまり,高分子材料の力学応答には,金属ではほとんど認められない顕著な時間および温度依存性があり,一般にこのような応答挙動を粘弾性挙動と呼んでいる.

これまでの説明から,粘弾性力学特性の評価には,もはや弾性におけるヤング係数のような時間に依存しない材料定数を用いることができないことが容易に理解できよう.粘弾性では,時間および温度を考慮したもっと広い意味を持つ材料係数が必要であり,これには**緩和弾性係数** $E_r(t, T)$(relaxation modulus)や**クリープコンプライアンス** $D_c(t, T)$(creep compliance)が使用され,それぞれ次式で定義される.

$$E_r(t, T) = \frac{\sigma(t, T)}{\varepsilon_0} \quad (\text{図 5.20 (a)}) \tag{5.7}$$

ここで,ε_0 は材料に加える一定ひずみ,$\sigma(t, T)$ は応力の時間変化である.

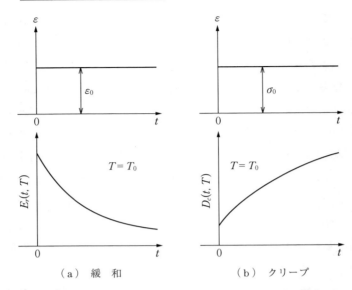

図 5.20 緩和弾性係数とクリープコンプライアンスの定義[15]【出典：國尾 武：時間および温度に依存する粘弾性固体の力学的挙動 ― 粘弾性に関する基礎事項，材料システム，**6**，p.7（1987）】

$$D_c(t, T) = \frac{\varepsilon(t, T)}{\sigma_0} \qquad (\text{図 5.20 (b)}) \tag{5.8}$$

ここで，σ_0 は材料に加える一定応力，$\varepsilon(t, T)$ はクリープひずみである。

5.6.3 時間-温度換算則[15]

図 5.21 の破線は，種々の温度 T_i におけるクリープコンプライアンス $D_c(t, T_i)$ と対数時間の関係を示したものである。$D_c(t, T_i)$ はその温度における材料内部の粘性効果に見合った粘弾性挙動を呈して，十数桁に及ぶ広い時間範囲にわたって 100 〜 1 000 倍にも変化する。その変化の様相は，温度が異なってもほぼ相似になることが多くの材料で確認されている。

いま，実際に計測可能な時間範囲が図中の斜線部に限られるとすれば，得られる $D_c(t, T_i)$ は温度ごとに太線の部分だけになる。太線で示した各温度の $D_c(t, T_i)$ を対数時間軸に対して平行に適当量移動すれば，特定の温度 T_0 にお

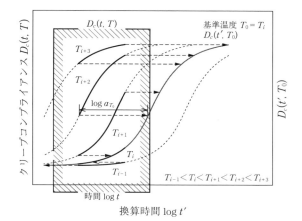

図 5.21 クリープコンプライアンスのマスター曲線[15]
【出典：國尾 武：時間および温度に依存する粘弾性固体の力学的挙動 — 粘弾性に関する基礎事項,材料システム,**6**,p.7（1987）】

ける $D_c(t, T_0)$ の全曲線,すなわち**マスター曲線**（master curve）を構成することができる。つまり,高分子材料の力学的特性に及ぼす温度と時間の効果には多くの場合「等価性」が認められ,たがいに換算可能である。事実,ある温度で長時間後に起こると同じ力学現象を短い時間で実現させるには温度を高めてやればよいこと,またこれとは反対に短時間内の現象を引き延ばして長時間の現象とするには試験温度を下げればよいことが確かめられている。

マスター曲線を作成する際の $D_c(t, T_i)$ の対数時間軸に平行な移動量は,$\log t - \log t' = \log a_{T_0}(T_i)$ で与えられ,$a_{T_0}(T_i)$ を**時間-温度移動因子**（time-temperature shift factor）と呼んでいる。$a_{T_0}(T_i)$ は多くの高分子材料について実験的に求められているが,その形にはつぎの二つのものが多く用いられている。

(1) アレニウス型：

$$\log a_{T_0}(T) = \frac{\Delta H}{2.303\,G}\left(\frac{1}{T} - \frac{1}{T_0}\right) \tag{5.9}$$

ここに,G はガス定数,ΔH は活性化エネルギーである。

(2) W. L. F. 型：

$$\log a_{T_0}(T) = -\frac{K_1(T-T_R)}{K_2+(T-T_R)} \tag{5.10}$$

ここに，$T_R = T_g + 50$〔K〕（T_R は材料によって決まる温度），$K_1 = 8.86$（普遍定数），$K_2 = 102$（普遍定数）である。

5.6.4 樹脂のクリープコンプライアンス

図 5.22 はエポキシ樹脂[†1]の種々の温度におけるクリープコンプライアンス[†2]と対数時間の関係を示したものである。40℃ではクリープコンプライアンスは時間に対してさほど変化しないが，温度が高くなるとクリープコンプライアンスは大きくなり，かつ時間に対する増大割合も大きくなる。ガラス転移

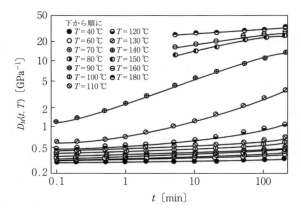

図 5.22 エポキシ樹脂の種々の温度におけるクリープコンプライアンス-時間曲線[16]【出典：金光 学：一方向 CFRP の力学挙動ならびに破断強度に及ぼすマトリックスの影響に関する研究，金沢工業大学博士学位論文 (1984)】

[†1] Epikote 828 と硬化剤 MHAC-P，硬化促進剤 2E4MZ を重量比で 100：103.6：1 の配合比で混合し，70℃で12時間，150℃で4時間，190℃で2時間の硬化熱処理をしたものであり，ガラス転移点温度 T_g は 125℃である。

[†2] 3点曲げにより荷重点のたわみを計測し，初等材料力学より求められる曲げひずみと曲げ応力により算出した。

点温度 $T_g = 125$ ℃ 近傍の温度ではクリープコンプライアンスの時間に対する増加割合は著しく大きくなり，さらに温度が高くなるとクリープコンプライアンスは大きくなるものの時間に対する増大割合は小さくなる．

各温度のクリープコンプライアンス-時間曲線を温度 $T = 100$ ℃ のそれを基準として横軸である対数時間軸に沿って平行移動することによって，**図 5.23** に示すように 1 本の滑らかなマスター曲線が求められる（基準温度 $T_0 = 100$ ℃）．これより，このエポキシ樹脂のクリープコンプライアンスの時間依存性と温度依存性の間には**時間-温度換算則**（time-temperature superposition principle）が成立するといえる．このマスター曲線を作成する際の横軸の平行移動量である時間-温度移動因子は後述する．

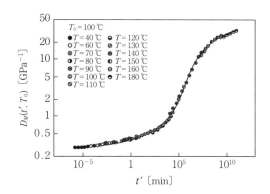

図 5.23 エポキシ樹脂のクリープコンプライアンスのマスター曲線[16]【出典：金光　学：一方向 CFRP の力学挙動ならびに破断強度に及ぼすマトリックスの影響に関する研究，金沢工業大学博士学位論文（1984）】

5.6.5　CFRP のクリープコンプライアンス

前項で取り上げたエポキシ樹脂をマトリックスとする一方向強化の炭素繊維強化プラスチック（CFRP）について，繊維方向と直角の方向に試験片長手方向が一致するように試験片を切り出し，エポキシ樹脂のクリープ試験と同じ方法で曲げクリープ試験を実施した．

図 5.24 は CFRP 繊維直角方向の種々の温度におけるクリープコンプライアンスと対数時間の関係を示したものである。これより，図 5.22 に示したエポキシ樹脂のクリープコンプライアンスと同様に，時間の経過および温度の上昇によってクリープコンプライアンスは著しく増大する。

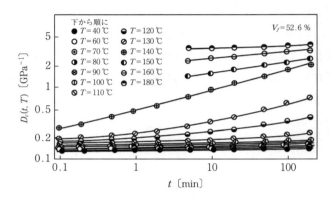

図 5.24　一方向 CFRP の繊維直角方向の種々の温度におけるクリープコンプライアンス-時間曲線[16]【出典：金光　学：一方向 CFRP の力学挙動ならびに破断強度に及ぼすマトリックスの影響に関する研究，金沢工業大学博士学位論文（1984）】

図 5.24 の各温度におけるクリープコンプライアンス曲線を対数時間軸に沿って平行移動して求めた $T_0 = 100$ ℃におけるマスター曲線を図 5.25 に示す。これより，エポキシ樹脂の場合と同様に 1 本の滑らかな曲線が得られることから，この CFRP の繊維直角方向のクリープコンプライアンスの時間依存性と温度依存性の間にも時間-温度換算則が成立する。

図 5.26 は前述のエポキシ樹脂およびこれをマトリックスとした一方向 CFRP の繊維直角方向のクリープコンプライアンスのマスター曲線を作成した際の時間-温度移動因子を示したものである。これより，両者の時間-温度移動因子はたがいによく一致し，かついずれも T_g 近傍を境として低温側と高温側で異なる活性化エネルギー ΔH を持つ二つのアレニウス式で近似できる。この事実より，CFRP の繊維直角方向のクリープコンプライアンスの時間依存性と温度依存性の間には，マトリックス樹脂のクリープコンプライアンスに成立す

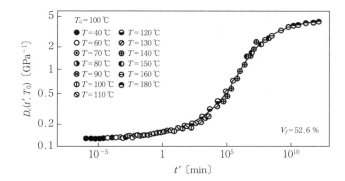

図5.25 一方向CFRPの繊維直角方向のクリープコンプライアンスのマスター曲線[16]【出典：金光 学：一方向CFRPの力学挙動ならびに破断強度に及ぼすマトリックスの影響に関する研究, 金沢工業大学博士学位論文（1984）】

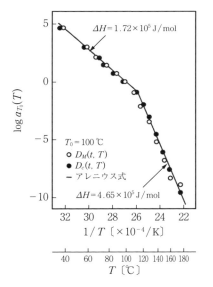

$D_M(t,T)$：エポキシ樹脂
$D_c(t,T)$：CFRP

図5.26 一方向CFRPの繊維直角方向のクリープコンプライアンスのマスター曲線[16]【出典：金光 学：一方向CFRPの力学挙動ならびに破断強度に及ぼすマトリックスの影響に関する研究, 金沢工業大学博士学位論文（1984）】

るものと同じ時間-温度換算則が成立するといえる。

　一方向CFRP繊維直角方向においては，マトリックス樹脂の粘弾性挙動が最も顕著に現れることは容易に推測されるところであるが，繊維方向の場合はどうであろうか。

図 5.27 は，上述と同じエポキシ樹脂を用いた一方向 CFRP について，繊維方向に引張荷重を加えて求めたクリープコンプライアンスと対数時間の関係を示したものである．これより，50℃およびマトリックス樹脂の T_g を超える 150℃におけるクリープコンプライアンスは，ほとんど一致し，かつ時間の経過に対してもほとんど変化しない．

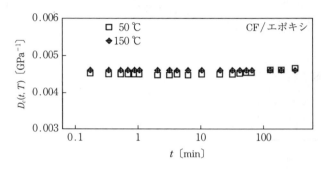

図 5.27　一方向 CFRP の繊維方向のクリープコンプライアンス-時間曲線

一方向 CFRP の繊維直角方向と繊維方向における粘弾性挙動をモデルで表現したものを**図 5.28**に示す．図（a）は繊維直角方向のクリープコンプライアンス D_c を，図（b）は繊維方向の緩和弾性係数 E_r を示している．繊維直角方向のモデルにおいて，繊維自身のコンプライアンス D_F に比べて，マトリックス樹脂のそれ D_M は桁違いに大きく，かつ時間や温度に強く依存するため，CFRP 繊維直角方向の D_c は時間や温度に著しく依存する．一方，繊維方向のモデルにおいて，マトリックス樹脂の緩和弾性係数 E_M は時間や温度によって著しく変化するものの，繊維自身の弾性係数 E_F は，マトリックス樹脂のそれに比べて桁違いに大きく，かつ時間および温度依存性を示さないことから，CFRP 繊維方向の E_r は時間や温度によってほとんど変化しない．

炭素繊維の織物を用いた CFRP ではどうなるだろうか．朱子織 CFRP の 3 点曲げクリープ試験によって求めたクリープコンプライアンス-時間曲線を**図 5.29**に示す．実線は，図 5.28 の繊維方向および繊維直角方向の力学モデルを

5.6 クリープ試験　　131

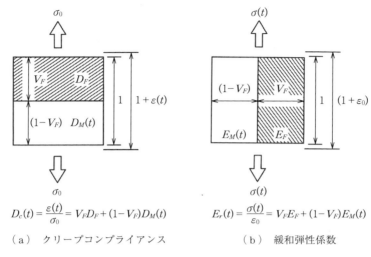

(a) クリープコンプライアンス　　(b) 緩和弾性係数

図 5.28　粘弾性マトリックスを有する複合材料の力学モデル

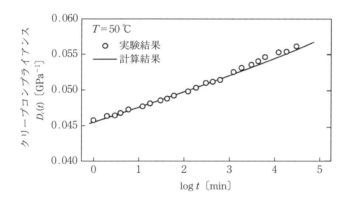

図 5.29　朱子織 CFRP のクリープコンプライアンス-時間曲線

適当な比率で組み合わせて，マトリックス樹脂のクリープコンプライアンス-時間曲線から予測した結果であるが，実験結果とよく一致することから，朱子織 CFRP のクリープ変形もマトリックス樹脂の粘弾性挙動によって生じていることがうかがえる。

　以上のように，CFRP のクリープ挙動は，負荷方向や強化繊維の形態によっ

てその程度は異なるものの，マトリックス樹脂の粘弾性挙動によって生じるといえる。

5.6.6 お わ り に

高分子材料の構造と粘弾性，および高分子材料をマトリックスとする CFRP のクリープ挙動について説明した。CFRP を構造部材として使用するにあたっては，その変形に及ぼす時間と温度による影響，特にマトリックスの粘弾性挙動の影響について十分考慮すべきである。

5.7 継手強度試験

FRP の接合は大きく分けて機械的接合と接着接合に分類される。機械的接合はボルトやリベット等の**ファスナ**（fastener）を用いて被接合材を接合する方法であり，組立・分解・検査が容易である反面，円孔での応力集中や繊維切断による強度低下に注意する必要がある。接着接合は接着剤を用いて接合する方法であり，被着材の機械加工が不要で単純構造となる上，重量増加も防げるが，接着剤のせん断強さ等の力学的特性に依存する。ここでは各接合方法を用いた FRP の継手を対象とした継手強度試験について簡単に述べる。

5.7.1 機 械 的 継 手

代表的な機械的継手構造を**図 5.30** に示す。シングルラップ継手は薄板の接合に用いられることが多いが，荷重軸と締結面が角度を持つため接合部に曲げ

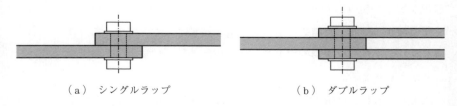

（a） シングルラップ　　　　　　（b） ダブルラップ

図 5.30　代表的な機械的継手

モーメント(二次曲げ)が生じる。ダブルラップ継手ではこの二次曲げを避けることができる。ほかには,二つの被接合材を突き合わせ,目板を介して締結するバット継手や,FRP製のタンク等でよく用いられるフランジ継手等がある。

FRP機械的継手の損傷モードは図5.31に示すように,おもにネットテンション,ベアリング,シアアウト,混合モードの4種類である。FRPの材料や積層構成,継手の幾何学的条件によって,各損傷モードの発生が決まる。4種類の中ではベアリングモードが高強度を示し,円孔が伸長しながら徐々に面圧損傷が進む。ベアリングモードは,試験片幅wと円孔直径dの比w/d,および円孔中心から試験片端までの距離eとdの比e/dが大きい場合に発生することが多い。

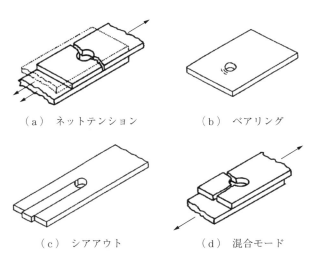

(a) ネットテンション　　(b) ベアリング

(c) シアアウト　　(d) 混合モード

図5.31　FRPの機械的継手における損傷モード[17]【出典：MIL-HDBK-17-1F Composite Materials Handbook(2002)】

擬似等方CFRP積層板(T700SC/2592,$[45/0/-45/90]_{2S}$)を図5.32(a)に示すダブルラップ継手試験片とし,これに荷重を加えたときの代表的な荷重-クロスヘッド変位線図を図(b)に示す。荷重の代わりに,次式で定義される**面圧応力**(bearing stress)σ_bを用いる場合も多い。

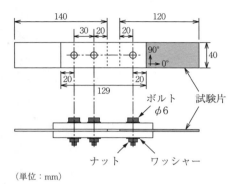
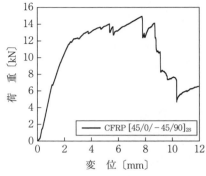

（a） CFRP積層板のダブルラップ継手試験片　　　　（b） 荷重-変位曲線

図5.32　CFRP積層板の機械的継手試験

$$\sigma_b = \frac{P}{dt} \tag{5.11}$$

ここで P は荷重，t は板厚である。負荷初期段階における線形的な荷重の増加の後，曲線の傾きの減少や局所的な荷重低下が見られ，この点において初期損傷が発生していることが明らかにされている。

初期損傷発生時のベアリング部の損傷状態を**図5.33**に示す。ボルトの変位方向と平行に炭素繊維が配向する0°層が面圧を受けることによりキンク損傷が発生している。また，このキンク損傷によって隣接層の母材のせん断き裂が

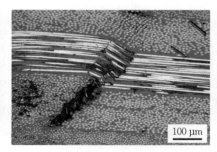

（a） ベアリング部の断面　　　　　　　（b） 面外キンク損傷

図5.33　CFRP積層板のベアリング損傷

発生する。荷重が増加し，これらキンク損傷やせん断き裂が進展または新たに発生することで，継手の最終的な破壊に至る。最近のCFRPでは母材の靱性や層間の強度が改善されているため，これまでの材料と比較して層間はく離の発生は抑制されているようである。

　FRPの機械的継手の強度や損傷挙動は，多くの研究結果や詳細なレビューが報告されている[18]。その中でも，ボルトの締め付けによるFRP積層板厚み方向の拘束が損傷抑制に及ぼす影響を議論するもの[19),20)]や，円孔直径とボルト直径の差によるクリアランスによって継手強度が低下することを扱ったもの[21)]は，FRP機械的継手の実用的な場面においては検討すべき報告である。

5.7.2　接着継手

　多くの種類の接着継手形状が提案されているが，評価の対象としては図5.34に示すものが多いようである。シングルラップ継手では偏心荷重による曲げモーメントによってラップ部両端で引きはがれるように変形することで**ピール応力**（peel stress）が発生する。これに対して，ダブルラップ継手ではこのピール応力を減少させることができる。また，ラップ部端部の応力集中を抑えるために，スカーフ継手やステップドラップ継手が用いられ，板厚方向に対称としダブルスカーフやダブルステップドラップとすることで応力集中や継手効率を改善する。スカーフ継手は，FRPで損傷を受けた部分を決められた角度で削り取り，加工した形状に合わせて新しいFRPをその場で成形すると

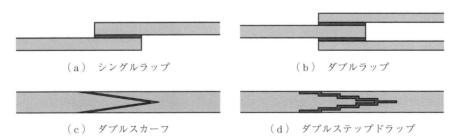

図5.34　代表的な接着継手形状

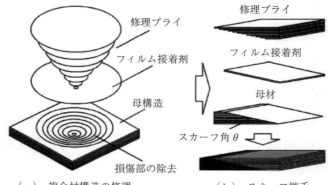

図 5.35 スカーフ修理とスカーフ継手[22]【出典:星 光,中野啓介,岩堀 豊,石川隆司,矢島 浩,福田 博,日本複合材料学会誌,**36**, 6, pp. 237-245 (2010)】

いうスカーフ修理を施した部分を模擬する際にも用いられる(**図 5.35**)。

接着継手の強度は,継手形状,接着剤や被着材の機械的特性に依存する。接着継手強度試験に用いるシングルラップ継手の試験片の例を**図 5.36**に示す。試験片幅は 20 〜 25 mm,試験片長さを 150 〜 250 mm として,ラップ部の長さ L を $L=20$ 〜 40 mm とする場合が多い。シングルラップ継手では**図 5.37**に示すように,接着層ではせん断応力やピール応力により,接着剤と被着材での**界面破壊**(interfacial failure)や接着剤内での**凝集破壊**(cohesive failure)が見られる。これらの破壊が発生する場合,接着継手強度は次式で表される接着面での平均的な最大せん断応力 τ_0 として整理される。

$$\tau_0 = \frac{P_{\max}}{A} \tag{5.12}$$

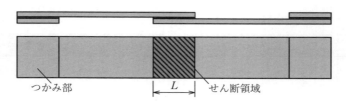

図 5.36 シングルラップ接着継手試験片

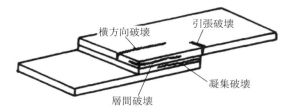

図 5.37 接着継手におけるおもな損傷モード[23]【出典：網島貞男，藤井　透，江畑繊一，田中達也：日本複合材料学会誌, **13**, 3, pp. 116-125（1987）】

ここで，P_{max} は試験中の最大荷重，A は接着面積である。一般的に，接着層が厚いと荷重の偏心が大きくなり，被着材が薄いほど曲げに対する剛性が低くなるため，ピール応力成分が増加することによって最大せん断応力は低下する。FRP 部ではラップ部先端における応力集中により引張破壊を示すことがある。また，FRP においては厚み方向の強度が低いため，高強度の接着剤を用いた場合には，FRP の層間はく離等が発生・進展することで，接着層よりも FRP の破壊が先に発生することもある（**図 5.38**）。

FRP の接着継手の強度や破壊挙動は，接着面の表面処理，表面層の繊維配

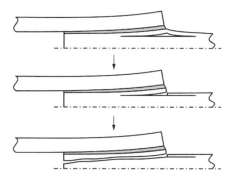

図 5.38 ダブルラップ接着継手における FRP の厚み方向応力による破壊[24]【出典：M. D. Banea and L. F. M. da Silva：Proceedings of the Institution of Mechanical Engineering Part L, Journal of Materials, Design and Applications, **223**, pp. 1-18（2009）】

向，接着剤の硬化状態等にも影響される[25)~27)]。さらに，材料のガラス転移点温度を超える高温環境下，およびFRPや接着剤の吸湿量が増加する高湿度環境下では接着継手の性能が低下する[28),29)]。このため，FRPの接着継手試験では，温度や湿度等の環境因子にも注意が必要である。

5.8　層間はく離試験

繊維強化プラスチック（FRP）の強化材である繊維は，一般に面内方向に配向され，繊維配向方向には優れた機械的特性を示すが，強化されていない面外方向の強度は著しく低い。また，FRP積層板の面内破壊靱性は繊維配向を変えることによって改善できるが，層間破壊靱性は面内の繊維配向による改善は期待できず，FRP積層板の層間はく離の進展抵抗や強度特性を向上させることが重要である。層間破壊靱性や層間強度を向上させるために，高靱性樹脂の開発や，層間に高靱性の樹脂を挿入するインターリーフ法[30)]，三次元的に積層板を強化させる縫合法[31)]やZanchor法[32)]等の手法が試みられている。

破壊の形態は，図5.39に示す三つの変形様式があり，便宜的にモードⅠ，モードⅡ，モードⅢと呼んでいる。それぞれは，開口型変形，面内せん断型変形，面外せん断型変形と呼ぶこともある。FRP積層板における層間剥離き裂先端の変形は，均質材料とは異なり繊維方向に影響を受けるため，モードⅠおよび，モードⅡ，モードⅢが混合した複雑な破壊モードとなる。このため，各

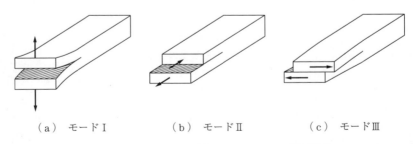

(a) モードⅠ　　　(b) モードⅡ　　　(c) モードⅢ

図5.39　クラック先端付近の三つの独立な変形様式

モードおよび混合モードでの破壊靱性の評価を行う必要がある．モードⅠでは**双片持ちはり**（double cantilever beam，**DCB**）試験，モードⅡでは**端面切欠き曲げ**（end notched flexure，**ENF**）試験，**端面負荷割れ**（end loaded split，**ELS**）試験，モードⅠとモードⅡの混合モードでは**混合モード曲げ**（mix mode bending，**MMB**）試験，**切欠きラップせん断**（cracked lap shear，**CLS**）試験などが行われている．モードⅠやモードⅡのFRPの層間破壊靱性評価法は，日本工業規格（Japanese Industrial Standards，JIS）や米国材料試験協会によるASTM規格にも規定されている．また，モードⅢについては，**切欠きレールシア**（crack rail shear，**CRS**）試験[33]や**分割片持ちはり**（split cantilever beam，**SCB**）試験[34]などが，試験方法の一つとして挙げられる．

また，層間せん断強度を評価する試験法として，ショートビーム法や目違い切欠き法，層間引張強度を評価する試験法として直接負荷法やL字四点曲げ法がJISやASTMに規定されており，厚肉FRP積層板を用いた面外強度特性も評価されている[35),36)]．

モードⅠの層間破壊靱性を評価するためのDCB試験法について，試験片の概略を**図5.40**に示す．試験片には長手方向に繊維を配向した一方向試験片を用いる．予き裂導入のため，二つ折りにしたテフロンフィルムや，カプトンフィルム等の非接着性の薄膜を積層時に導入するのが一般的である．試験に先立ち，挿入フィルムの影響を避け，鋭いき裂を作る方法として，くさび等を用いてフィルムからき裂を数mm進ませる方法などがとられる．

モードⅠの層間破壊靱性は，**き裂開口変位**（crack opening displacement，

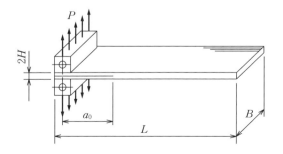

図5.40 DCB試験片

COD）を計測することで評価できる。層間はく離進展に伴うエネルギー解放率は次式で与えられる。

$$G = \frac{P^2}{2B}\frac{d\lambda}{da} \qquad (5.13)$$

ここで，P は荷重，B は試験片幅，λ は COD コンプライアンス（変位/荷重 $=\Delta\delta/\Delta P$），a はき裂長さである。コンプライアンスとき裂長さの関係がわかれば，コンプライアンスをき裂長さで微分することで層間はく離進展に伴うエネルギー解放率 G が求められる。実際の試験では，図 5.41 に示すような荷重-変位線図を描き，き裂が一定量進むごとに荷重を除荷しコンプライアンスを測定する。試験片厚さ当りの無次元化き裂長さ $a/2H$ と単位幅に対する COD コンプライアンスの立方根の関係は，はり理論から次式のように近似できる。

$$\frac{a}{2H} = \alpha_1 (B\lambda)^{\frac{1}{3}} + \alpha_0 \qquad (5.14)$$

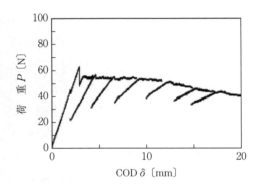

図 5.41 DCB 試験における荷重-変位線図

α_0，α_1 は実験より得られる定数であり，無次元化き裂長さと単位幅に対する COD コンプライアンスの関係は図 5.42 に示すように表される。式 (5.14) を式 (5.13) に代入すると次式に示すモード I における層間はく離進展に伴うエネルギー解放率が得られる。

$$G_{\mathrm{I}} = \frac{3}{2(2H)}\left(\frac{P}{B}\right)^2 \frac{(B\lambda)^{\frac{2}{3}}}{\alpha_1} \qquad (5.15)$$

5.8 層間はく離試験　141

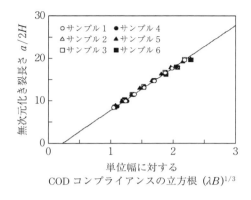

図5.42 無次元化き裂長さと単位幅に対するCODコンプライアンスの立方根の関係

式(5.15)に，初期限界荷重P_cおよび初期弾性コンプライアンスλ_0を代入すると，層間破壊靱性値G_{IC}が得られる．図5.43は層間はく離進展におけるき裂抵抗曲線を示しており，き裂進展量が0のときの値がG_{IC}に対応する．

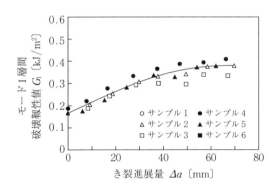

図5.43 モードI層間破壊靱性値とき裂進展量の関係

モードIIの層間破壊靱性を評価するためのENF試験法について，試験片の概略を図5.44に示す．モードIIの層間破壊靱性は，荷重-荷重線変位線図から，荷重点変位vと荷重Pの比である荷重点コンプライアンス$C(=v/P)$を評価することにより求める．層間はく離進展に伴うエネルギー解放率は次式で与えられる．

$$G = \frac{P^2}{2B}\frac{dC}{da} \tag{5.16}$$

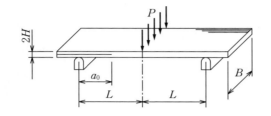

図 5.44　ENF 試験片

また，荷重点コンプライアンスは，はり理論から次式のように表される。

$$C = \frac{2L^3 + 3a^3}{8E_L BH^3} \tag{5.17}$$

L は半スパン長さ，E_L は試験片の曲げ弾性率である。ここで，式 (5.17) を式 (5.16) に代入すると，次式が得られる。

$$G_{\mathrm{II}} = \frac{9a^2 P^2 C}{2B(2L^3 + 3a^3)} \tag{5.18}$$

実験から荷重-変位線図を求め最大荷重から，モード II 層間破壊靭性値 $G_{\mathrm{II}C}$ が得られる。

　実際に構造材料として使用される FRP は，一般に繊維をさまざまな方向に配向させた擬似等方の積層板として用いられる。擬似等方積層板では各層におけるポアソン比の違いから，積層板自由端で応力特異性が生じる。これが原因となり，**図 5.45** に示すように層間はく離が発生し静的強度や疲労強度低下を引き起こすことが問題となる。この場合の破壊モードは混合モードとなり，それぞれの破壊モードを個別に評価することは容易ではない。そのため層間はく離強度を見積もる目的から，O'Brien[37] は簡易的な端面はく離試験法を提案した。

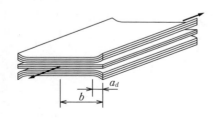

図 5.45　積層板自由端から生じる層間はく離

例えば，$[45/0/-45/90]_s$ に配向した擬似等方積層板において，$-45°/90°$ 層間にはく離が生じることを考える．き裂面積 A を含む弾性体におけるエネルギー解放率は新しく形成されるき裂面積当りの外力仕事 W とひずみエネルギー U の差によって表される．一定のひずみ下で微小な層間はく離が進展することを考えると，層間はく離進展に伴うエネルギー解放率は次式のように表すことができる．

$$G_d = -V\frac{\varepsilon^2}{2}\frac{dE}{dA} \tag{5.19}$$

ここで，V は積層板の体積，dE/dA は層間はく離が進展することにより生じる剛性の変化率である．複合則より，層間はく離を有する積層板の剛性は次式のように与えられる．

$$E = \left(E^* - E_{LAM}\right)\frac{a_d}{b} + E_{LAM} \tag{5.20}$$

ここで a_d/b は，積層板幅当りの層間はく離長さ，E^*，E_{LAM} はそれぞれ，層間はく離が完全にはく離した状態の積層板の剛性，未損傷状態の積層板の剛性である．擬似等方積層板では E^* は複合則より

$$E^* = \frac{6E_{(-45/0/45)} + 2E_{(90)}}{8} \tag{5.21}$$

と表される．式 (5.19) に式 (5.20) を代入すると，層間はく離進展に伴うエネルギー解放率は次式のように与えられる．

$$G_d = \frac{t\varepsilon^2}{2}\left(E_{LAM} - E^*\right) \tag{5.22}$$

ここで，t は試験片の厚さである．式 (5.22) より，エネルギー解放率は層間はく離寸法によらないことがわかる．しかし，この関係は層間はく離が試験片幅方向にある程度成長した段階で成立するものであり，評価の際には注意が必要である．

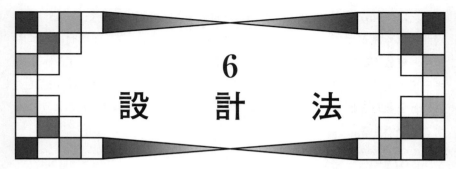

6 設計法

前章までにおいては,異方性材料の特徴を踏まえ,力学的特性や強度特性を取得するための試験方法について述べた.構造設計をする場合,想定される荷重条件において,複合材の材料,厚み,積層構成,構造様式などを設計あるいは最適化する必要がある.本章では,強度や剛性などの材料特性を用いて実際の部材を設計するうえで必要となる,基礎式,設計手法,設計例について説明する.

6.1 破 壊 則

ここでは構造物への適用例も多い,一方向 FRP から成る積層板の設計を考え,その構成要素である,一方向 FRP の破壊則について述べる.巨視的に均質等方性材料として設計することが可能な粒子強化複合材と異なり,一方向 FRP は極度の異方性を有し,強度特性においても方向依存性や破壊モード依存性を有する.以下にいくつかの破壊則を紹介する.

6.1.1 最大応力則

一方向 FRP の材料主方向(繊維方向 L,繊維垂直方向 T)に作用する応力のいずれかが,ある一定値を超えたときに破壊が生じるとする最も単純なものである.平面応力状態(σ_L, σ_T, τ_{LT} のみ)の場合,次式を満たさなくなる場合に破壊する.

$$\left.\begin{array}{l}\sigma_L < X_t, \quad \sigma_T < Y_t \quad (引張応力)\\ \sigma_L > X_c, \quad \sigma_T > Y_c \quad (圧縮応力)\\ |\tau_{LT}| < S\end{array}\right\} \quad (6.1)$$

ここで，X，Y，S は繊維方向強度，繊維垂直方向強度，せん断強度を表し，添字 t，c は引張り，圧縮を意味する．例えば，図 6.1 に示すように一方向 FRP が θ だけ傾いた状態で，一方向応力 (σ_x) が作用する場合，材料主方向の応力は

$$\left.\begin{array}{l}\sigma_L = \sigma_x \cos^2\theta\\ \sigma_T = \sigma_x \sin^2\theta\\ \tau_{LT} = -\sigma_x \sin\theta\cos\theta\end{array}\right\} \quad (6.2)$$

と表される．式 (6.1) に代入すると

$$\left.\begin{array}{l}\dfrac{X_c}{\cos^2\theta} < \sigma_x < \dfrac{X_t}{\cos^2\theta}\\[2mm] \dfrac{Y_c}{\sin^2\theta} < \sigma_x < \dfrac{Y_t}{\sin^2\theta}\\[2mm] |\sigma_x| < \left|\dfrac{S}{\sin\theta\cos\theta}\right|\end{array}\right\} \quad (6.3)$$

と表される．この式が一方向 FRP が一方向応力を受ける際に破壊しない条件であり，この不等号を満たさなくなるとき（いずれかが等号となる場合）が破壊曲面を表す．繊維角度 θ とそのときの破壊応力をプロットした例を図 6.2 に示す．

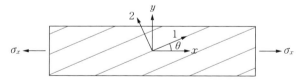

図 6.1 一方向応力が作用する非主軸一方向 FRP

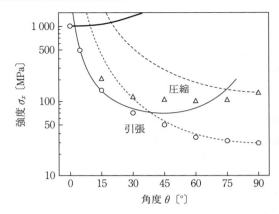

図 6.2 一方向材の最大応力則に基づく破壊曲線と実験データの比較例

6.1.2 最大ひずみ則

最大応力則と同じ考えをひずみに適用したものであり、一方向 FRP の材料主方向に作用するひずみのいずれかが、ある一定値を超えたときに破壊が生じるとする。面内ひずみのみの場合、次式を満たさなくなる場合に破壊する。

$$\left.\begin{array}{l} \varepsilon_L < X_{\varepsilon t}, \quad \varepsilon_T < Y_{\varepsilon t} \quad (引張ひずみ) \\ \varepsilon_L > X_{\varepsilon c}, \quad \varepsilon_T > Y_{\varepsilon c} \quad (圧縮ひずみ) \\ |\gamma_{LT}| < S_\varepsilon \end{array}\right\} \quad (6.4)$$

ここで、X_ε, Y_ε, S_ε はそれぞれ、繊維方向破断ひずみ、繊維垂直方向強破断ひずみ、せん断破断ひずみを表す。

特に、一方向 FRP が θ だけ傾いた状態で、一方向応力 (σ_x) が作用する場合を考える。一方向 FRP の応力－ひずみ関係式は面内問題の場合は、4 章の式 (4.17) で表される。

破断ひずみと強度は線形弾性関係から以下が満たされると仮定すると

$$X_t = E_L X_{\varepsilon t}, \qquad Y_t = E_T Y_{\varepsilon t}, \qquad X_c = E_L X_{\varepsilon c}, \qquad Y_c = E_T X_{\varepsilon c}, \qquad S = G_{LT} S_\varepsilon \quad (6.5)$$

となる．式 (6.2), (4.17), (6.5) から式 (6.4) は以下のように表すことができる．

$$\left.\begin{array}{c} \dfrac{X_c}{\cos^2\theta - \nu_{LT}\sin^2\theta} < \sigma_x < \dfrac{X_t}{\cos^2\theta - \nu_{LT}\sin^2\theta} \\ \dfrac{Y_c}{\sin^2\theta - \nu_{TL}\cos^2\theta} < \sigma_x < \dfrac{Y_t}{\sin^2\theta - \nu_{TL}\cos^2\theta} \\ |\sigma_x| < \left|\dfrac{S}{\sin\theta\cos\theta}\right| \end{array}\right\} \quad (6.6)$$

式 (6.3) との比較により，最大応力則との違いがわかる．

6.1.3 Tsai-Hill 則

フォン・ミーゼス (Von-Mises) の降伏条件を異方性化した**ヒル** (Hill) **の降伏条件**を，形式的に一方向材の破壊則へ転用したものである．

2次元問題の場合は

$$\frac{\sigma_L^2}{X^2} - \frac{\sigma_L\sigma_T}{X^2} + \frac{\sigma_T^2}{X^2} + \frac{\tau_{LT}^2}{S^2} = 1 \quad (6.7)$$

と表され，前述の破壊則と同様に，一方向 FRP が θ だけ傾いた状態で，一方向応力 (σ_x) が作用する場合を考えると，式 (6.2) より

$$\frac{\cos^4\theta}{X^2} - \left(\frac{1}{S^2} - \frac{1}{X^2}\right)\cos^2\theta\sin^2\theta + \frac{\sin^4\theta}{Y^2} = \frac{1}{\sigma_x^2} \quad (6.8)$$

が破壊条件となる．

Tsai-Hill 則は応力成分の相互作用を考慮できる点で，より適した破壊則と言える．しかしながら，一方向材の場合，破壊強度が引張と圧縮で異なるのが普通であるが，この破壊則は2次形式の式であるため，引張と圧縮の差異を表現できない点で，本質的な矛盾を生じる．そのため，実用的には，応力状態が引張もしくは圧縮かを判断しながら，異なる引張強度と圧縮強度を用いて，この破壊則を使用することになる．

6.1.4 Hoffman 則

前項の Tsai-Hill 則に対し，引張りと圧縮の強度の違いを考慮するために，応力の1次式も加える形で破壊則を表現したものである。

一方向材の2次元問題の場合は

$$-\frac{\sigma_L^2}{X_c X_t} + \frac{\sigma_L \sigma_T}{X_c X_t} - \frac{\sigma_T^2}{Y_c Y_t} + \left(\frac{1}{X_c} + \frac{1}{X_t}\right)\sigma_L$$

$$+ \left(\frac{1}{Y_c} + \frac{1}{Y_t}\right)\sigma_T + \frac{\tau_{LT}^2}{S_{LT}^2} = 1 \tag{6.9}$$

と表される。引張と圧縮で同じ強度の場合（$X_c = -X_t$ など）は Tsai-Hill 則の式 (6.7) になる。

前述の破壊則と同様に，一方向 FRP が θ だけ傾いた状態で，一方向応力 (σ_x) が作用する場合を考えると，式 (6.2) より

$$\left(\frac{\cos^4\theta - \cos^2\theta \sin^2\theta}{X_c X_t} + \frac{\sin^4\theta}{Y_c Y_t} - \frac{\cos^2\theta \sin^2\theta}{S_{LT}^2}\right)\sigma_x^2$$

$$-\left\{\left(\frac{1}{X_c} + \frac{1}{X_t}\right)\cos^2\theta + \left(\frac{1}{Y_c} + \frac{1}{Y_t}\right)\sin^2\theta\right\}\sigma_x + 1 = 0 \tag{6.10}$$

が破壊条件となる。繊維角度 θ とそのときの破壊応力をプロットした例を図

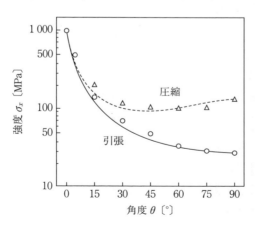

図 6.3 一方向材の Hoffman 則に基づく破壊曲線と実験データの比較例

6.3 に示す．図 6.2 の最大応力則と比較すると，引張・圧縮ともに，よく一致していることがわかる．

6.1.5 Tsai-Wu 則

Hoffman 則と同じ形式であるが，さらに一般化した形で，平面応力では次式のような形で表される．

$$F_1\sigma_L + F_2\sigma_T + F_6\tau_{LT} + F_{11}\sigma_L^2 + F_{22}\sigma_T^2 + F_{66}\tau_{LT}^2 + 2F_{12}\sigma_L\sigma_T = 1 \tag{6.11}$$

Tsai-Hill 則や Hoffman 則と比較すると，$\sigma_L\sigma_T$ の項の強度係数 F_{12} が独立な定数（ただし，$-\sqrt{F_1F_2} < F_{12} < \sqrt{F_1F_2}$）となっている点が特徴である．実用的には，この値を調整して，実験データとの一致具合を改善させることも可能である．

6.1.6 Hashin 則

元々は，繊維方向と垂直・せん断方向の破壊モードの違い（繊維破壊と母材破壊）を破壊則にも反映し，繊維方向破壊については，最大応力則的な扱いを，垂直・せん断方向には応力の2次形式型の破壊則を適用したものである（Hashin-Rotem 則ともいう）．これを改良した形で，以下のような一方向材の破壊則が提案されている．

- 繊維引張破壊（$\sigma_L > 0$）

$$\left(\frac{\sigma_L}{X_t}\right)^2 + \alpha\left(\frac{\tau_{LT}}{S_{12}}\right)^2 = 1 \tag{6.12}$$

- 繊維圧縮破壊（$\sigma_L < 0$）

$$\left(\frac{\sigma_L}{X_c}\right)^2 = 1 \tag{6.13}$$

- 母材引張破壊（$\sigma_T > 0$）

$$\left(\frac{\sigma_T}{Y_t}\right)^2 + \left(\frac{\tau_{LT}}{S_{LT}}\right)^2 = 1 \tag{6.14}$$

- 母材圧縮破壊（$\sigma_T < 0$）

$$\left(\frac{\sigma_T}{2S_{TP}}\right)^2 + \left\{\left(\frac{Y_c}{2S_{TP}}-1\right)\right\}\frac{\sigma_T}{Y_c} + \left(\frac{\tau_T}{S_{LT}}\right)^2 = 1 \tag{6.15}$$

ただし，P は板厚方位を表す．

この中で，$\alpha=0$，$S_{TP}=0.5Y_c$ とすると，元々の Hashin-Rotem 則となる．

以上，いくつかの一方向材に関する破壊則の例を示したが，ほかにも，Chamis 則や Puck 則など，数多くの破壊則が存在し，織物材等へもこれらの破壊則を応用したものが多い．近年，有限要素解析ソフトウェアの中でもいくつかの破壊則が実装されており，強度パラメータを入力することで破壊判定や損傷解析を実施することが可能となっている．注意すべきは，これらの破壊則は現象論的なものであり，本来は微視力学等の理論的裏付けを基にした破壊則を構築すべきではあるが，設計にとって便宜的に使用しているものである点である．したがって，どの破壊則を設計に用いるかは，経験的もしくは実験的な裏付けを基に設計者が判断すべきと考えられる．

6.2 積層板設計

積層板の剛性に関しては，4章において説明した積層理論や積層パラメータを用いて，所望の剛性を得るように積層構成などを設計することができる．例えば，一方向材 FRP を使用したバランス対称積層板の場合，一方向材の基礎データ（繊維方向ヤング率など），各層の厚み，繊維配向角の組み合わせ（積層構成）が設計変数であり，積層理論から，面内剛性行列 [**A**] を求め，対称積層であれば引張りと曲げのカップリングがないため，次式から積層板全体（厚み h）の弾性率等を算出することができる．

$$\begin{bmatrix} \dfrac{1}{E_L} & -\dfrac{\nu_{TL}}{E_T} & 0 \\ -\dfrac{\nu_{LT}}{E_L} & \dfrac{1}{E_T} & 0 \\ 0 & 0 & \dfrac{1}{G_{LT}} \end{bmatrix} = h \begin{bmatrix} A_{11} & A_{12} & 0 \\ A_{21} & A_{22} & 0 \\ 0 & 0 & A_{66} \end{bmatrix}^{-1} \tag{6.16}$$

一方，強度設計については，例えば，6.1節で説明した破壊則と積層板の応力解析から，積層板の強度を予測するモデルを確立し，設計に使用することが考えられる。積層板の強度解析手順例を図 6.4 に示す。積層板の材料特性や積層構成を考え，積層理論を用いて各層の応力を計算し，各層において破壊則を用いて破壊が起こっているかを判定する。破壊が生じていれば，その層の損傷による剛性低下をモデル化し，再度，積層理論を用いて，各層の応力分布を再計算しながら，全層が破壊する，あるいは荷重が増加しなくなるまで計算するようなモデルである。こういった手法は，損傷進展解析と呼ばれ，積層板内の破壊とそれに伴う剛性低下を考慮しながら強度予測などを行うもので，有限要素解析などに破壊則や損傷モデルを組み込んで実施可能である。各層の破壊則および破壊に伴う剛性低下をモデル化する損傷モデルについて，何を用いるかといった判断が設計者に求められることとなる。

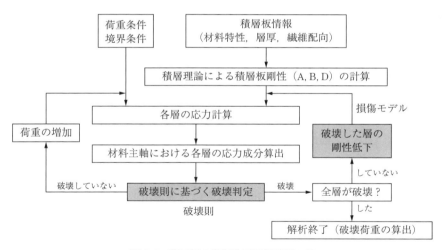

図 6.4　積層板の損傷進展解析手順の例

実際には，積層板の場合は，破壊モードも一方向材と異なり（トランスバースクラックや層間はく離など，図 6.5, 図 6.6），強度予測は容易ではない。一方向材の場合はおおむね脆性的な破壊挙動を示すが，積層板の場合は，どこかの層が破壊を生じてもそれ以外の層が荷重負担をすることで全体破壊をせず，

152   6. 設　　計　　法

図 6.5　積層板に発生するトランスバースクラック（試験片端面写真）

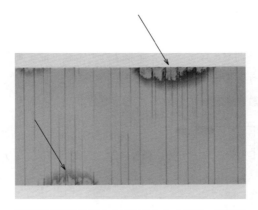

左右に引張りを加えた際に発生した損傷，縦線はトランスバースクラック

図 6.6　積層板端面付近に発生した層間はく離（X線により試験片上面からの透過写真をとったもの）

積層構成によっては，延性的な非線形挙動（例えば［45／－45］材）を示すこともある。さらには，積層する場合，各層の熱膨張係数や吸湿係数，硬化ひずみが方向性を有するため，積層板成形時に各層に残留応力を生じ，極端な場合は，成形後にトランスバースクラックなどの初期破壊を起こしている場合もある。また，積層板の端面や初期破壊後の積層板内では3次元的な応力が生じてしまうため，層間はく離も生じる可能性もある。これらを考慮した解析モデルに関する研究は多くあるものの，実際に使用するには多くの経験と実験による検証を経る必要があり，現段階ではすぐには設計に使用できる状況ではない。

そのため,実験的なデータベースを利用することが実情となっている。上述した積層板剛性についてもデータベースを基に設計することも多く,繊維の配向と積層板の強度−弾性率の関係を示した例を**図 6.7**に示す。この図はカーペットチャートとも呼ばれ,0°,±45°,90°から成る積層板を想定し,横軸を±45°層の割合とし,図中には0°層の割合に応じて,強度や弾性率をプロットしたものとなっている。例えば,図中に示すように,0°層 70 %,±45°層 20 %,90°層 10 %(残りの割合)の積層構成(例えば [45/−45/0_7/90]s など)の場合,積層板の x 方向(0°方向)の特性は,この図によると強度は約 860〔MPa〕で,弾性率は約 100〔GPa〕となる。

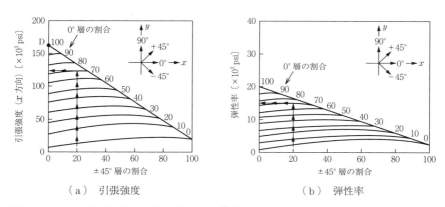

(a) 引張強度　　　　　　　　(b) 弾性率

図 6.7 CFRP の積層構成と強度・弾性率の例[1]【出典:M. C. Y. Niu:Airframe Structural Design, Technical Book Co.(1988)】

また,これまでの知見から,積層板を設計する際には下記のような注意点があることを述べておく。

(1) 同一方向の積層を重ねると,トランスバースクラック(樹脂割れ)や層間はく離が発生しやすくなるため,同一方向の積層を重ねることはできるだけ避ける。

(2) 積層は非対称積層とすると,層ごとの熱膨張差によって成形後に反りを発生するため,反りを積極利用するなど意図がある場合を除き,対称積層を基本とする。

(3) 0°層は積層板の荷重方向の強度や剛性を担い，±45°層はせん断の安定性を担い，90°層は積層板のポアソン比を低下させポアソン効果による構造変形やそれに伴う局所応力を低減する副次的効果を有する。そのため，複雑な荷重条件が作用する構造部位では，0°層，±45°層，90°層をうまくバランスさせた設計となる場合が多い。

6.3 継 手 設 計

　FRPは大型で複雑な形状でも一体成形できることがメリットの一つであるが，実用上は各部品を製作してそれらを組み立てて使用することがほとんどである。すなわち，FRP部品とFRP部品，または，FRP部品と金属部品などとを接合する必要が生じる。接合部は構造内で最も弱い部分であるから，構造設計においては注意が必要である。

　FRPの継手では，リベットやボルトなどを用いた機械的接合か接着接合が用いられる。また，機械的接合と接着接合とを併用することも有効である。熱可塑性樹脂をマトリックスに用いたFRPであれば，加熱するとマトリックス樹脂が溶融する性質を利用した溶着接合が可能である。

　機械的継手と接着継手の利点と欠点とを簡単に示す。

【機械的継手】

利点：信頼性が高い。引きはがし（ピール）に対する抵抗が大きい。健全性の評価（検査）が容易。修理（交換）が容易。接合部の表面処理が不要。

欠点：穴あけ加工が必要。穴あけ加工によって繊維損傷が生じる。円孔による応力集中。ボルトの接触による応力集中。締結材による重量増加。CFRPではガルバニック腐食が生じる（絶縁処理が必要となり，航空機などでは腐食しにくいチタン製の締結材を用いる）。CFRPでは穴あけにおける刃物の摩耗が早い。気密性が低い。

【接着継手】

利点：重量増が少ない。穴あけの必要がない。気密性が高い。機械的継手よ

り広範囲に荷重分配できる.

欠点：健全性の評価が難しい（特にキッシングボンド）。接着面の前処理や洗浄が必要。接着剤の硬化に時間を要する。接着剤を硬化させるために加熱が必要となる場合がある。使用環境による熱や水分の影響を受けやすい（接着剤の環境劣化）。引きはがしに対する抵抗が小さい。修理が難しい。

機械的継手の種類を**図 6.8** に示す。機械的継手には**重ね合わせ継手**（lap joint）と**突合せ継手**（butt joint）などがあり，重ね合わせ継手にはシングルラップ継手とダブルラップ継手が，突合せ継手にはシングルストラップ継手とダブルストラップ継手がある。

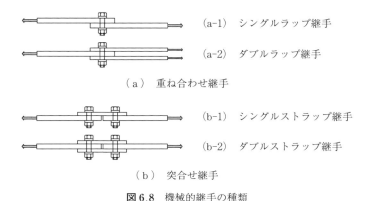

図 6.8　機械的継手の種類

機械的継手における典型的な破壊モードは以下の六つに分類される。

① **引張破壊**（net-tension failure）
② **せん断破壊**（shear-out failure）
③ **ひき裂け破壊**（cleavage failure）
④ **面圧破壊**（bearing failure）
⑤ 締結材の**引抜破壊**（pulling through laminate failure）
⑥ **締結材の破壊**（bolt failure）

また，これらの破壊モードの模式図を**図 6.9** に示す。

156   6. 設 計 法

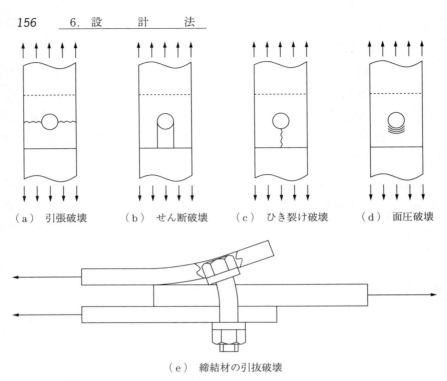

(a) 引張破壊　　(b) せん断破壊　　(c) ひき裂け破壊　　(d) 面圧破壊

(e) 締結材の引抜破壊

図 6.9　機械的継手における各種破壊モード

　これらの破壊モードの中では，急激な破壊進展を生じず，高強度となる面圧破壊を生じさせるように設計するのがよい。機械的接合による継手強度（破壊モード）に与える影響因子としては，継手形状，材料構成，ボルトナットの締め付けによる圧力，穴の加工精度，穴と締結材とのクリアランスなどがある。**図 6.10** に継手部の各寸法を示す。継手強度は継手の幅 w と穴径 d との比 w/d，穴から端部までの距離 e と穴径 d との比 e/d，および板厚 t と穴径との比 t/d に影響を受ける。w/d と e/d とを大きくすれば，破壊モードは面圧破壊となる。

　面圧破壊が生じる場合には，ボルトやリベット（以下，締結材と呼ぶ）の直径 d は，締結材のせん断破壊と接合物（FRP）の面圧破壊とが同時に起こるように設計する。または，接合物の面圧破壊より先に締結材のせん断破壊が生じるようにすれば，損傷時は締結材の交換のみでよいから，補修コストを下げる

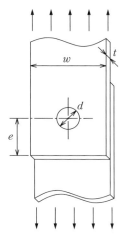

図 6.10　機械的継手の各寸法

ことができる。

締結材のせん断強度を τ_F とし，接合物の面圧強さを σ_B とすれば

$$\tau_F \frac{\pi d^2}{4} \leqq \sigma_B t d \tag{6.17}$$

したがって

$$d \leqq \frac{4\sigma_B t}{\tau_F \pi} \tag{6.18}$$

となる。

　高強度 FRP の場合，複数のボルトやリベットを用いて接合する継手では注意が必要である[2]。このような FRP では金属材料のように塑性変形せず，破壊に至るまでの変形量が小さいため，各ボルトに荷重が分配される前に最も荷重を支持していたボルトの円孔縁で破壊が生じることになる。

　つぎに接着継手の種類を図 6.11 に示す。接着継手には重ね合わせ継手，突合せ接合，**スカーフ継手**（scarf joint）などがある。重ね合わせ継手にはシングルラップ継手とダブルラップ継手とがある。シングルラップ継手は最も簡単な継手であるが，荷重伝達経路が偏るために図 6.12 のように曲げ変形が生じて，接着部を引きはがす力（接着面に垂直な引張力，ピール力）が発生する。一般的に接着剤はピール力に弱い。一方で，ダブルラップ継手では曲げ変形が

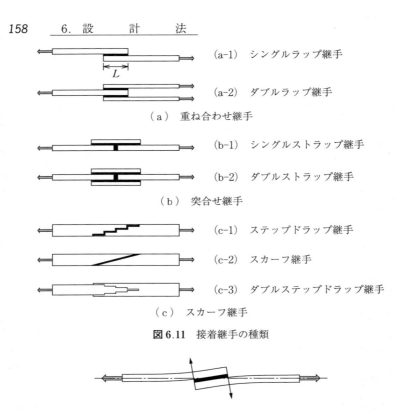

図 6.11 接着継手の種類

図 6.12 シングルラップ継手における引張負荷による接着部の回転

生じないから,継手強度は接着剤のせん断強度に依存する。

突合せ継手にはシングルストラップ継手とダブルストラップ継手とがある。純粋な突合せ継手(バット継手)は接着面積が小さく曲げにも弱いために利用されることはなく,当て材(ストラップ)を用いて補強が行われる。スカーフ接合にはステップドラップ継手とスカーフ継手がある。ステップドラップ継手は段数を多くすれば,スカーフ継手と同じになる。

重ね合わせ継手や突合せ継手は重ね合わせ部によって重量が増加するが,スカーフ継手の場合には重量増を導かない。スカーフ継手の成形には手間がかかるために成形コストが高くなるが,コストよりも軽量であることを重視する用途には有効であり,航空機などで利用されている。

6.3 継手設計

シングルラップ継手において接着剤と被着材との界面で破壊が生じる場合，界面せん断強度を τ_s とすれば，継手強度 P_{max} は次式で表される。

$$P_{max} = wL\tau_s \tag{6.19}$$

ただし，w は接着幅，L は接着部長さである。

この式より，継手強度をおおよそ見積もることができる。ただし，接着強度が非常に高い場合には，凝集破壊（接着剤の破壊）になる。

界面破壊であっても，接着部端部では応力集中が生じるため注意が必要である。そこでシングルラップ継手において，曲げ変形による影響を無視した場合の接着部でのせん断応力を求めてみる（この場合，ダブルラップ継手の場合と同じ結果となる）[3]。図 6.13 に，シングルラップ継手の接着部を示す。上板および下板のヤング率を E，板厚を t，接着剤のせん断弾性係数を G，接着層厚さを h，接着部長さを L，接着幅を w とする。また，接着部端部から x 座標をとり，位置 x における上板および下板の x 方向の内力を P_1 および P_2，x 方向変位を u_1 および u_2 とする。接着部でのせん断応力 τ は

$$\tau = G\gamma = G\frac{u_2 - u_1}{h} \tag{6.20}$$

である。上式を x で微分すると

$$\frac{d\tau}{dx} = \frac{G}{h}\left(\frac{du_2}{dx} - \frac{du_1}{dx}\right) = \frac{G}{h}(\varepsilon_2 - \varepsilon_1) \tag{6.21}$$

となる。ここで，ε_1 および ε_2 は上板および下板の x 方向ひずみであり，次式のように書き表すことができる。

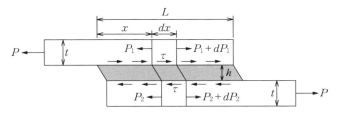

図 6.13　シングルラップ継手の接着部

$$\varepsilon_1 = \frac{\sigma_1}{E} = \frac{P_1/wt}{E}, \qquad \varepsilon_2 = \frac{\sigma_2}{E} = \frac{P_2/wt}{E} = \frac{(P-P_1)/wt}{E} \qquad (6.22)$$

また，上板における長さ dx の微小部分での力のつり合いより

$$\frac{dP_1}{dx} = -\tau w \qquad (6.23)$$

である。この式を x で微分した式に，式 (6.21) および式 (6.22) を代入すれば

$$\frac{d^2 P_1}{dx^2} - \frac{2G}{hEt} P_1 = -\frac{GP}{hEt} \qquad (6.24)$$

となり，上板の内力 P_1 に関する微分方程式を得る。この2階の非同時微分方程式の一般解を求めて，$x=0$ で $P_2=0$，$x=L$ で $P_1=0$ の境界条件を用いれば P_1 が得られる。この結果より，接着部でのせん断応力 τ はつぎのようになる。

$$\tau = \frac{P}{w} C \frac{\cosh(cx) + \cosh c(L-x)}{2\sinh(cL)} \qquad (6.25)$$

ここで

$$C = \sqrt{\frac{2G}{hEt}} \qquad (6.26)$$

とおいた。これより接着部のせん断応力の分布を求めると，接着部の両端に応力集中を生じることがわかる（**図 6.14**）。接着部でのせん断応力の最大値 τ_{max} （$x=0$ または $x=L$）を求めると

$$\tau_{max} = \frac{c}{w} \frac{1+\cosh(cL)}{2\sinh(cL)} P \qquad (6.27)$$

となる。継手強度が τ_{max} によって決定されるとすると，接着部の長さ L を長くしても必ずしも有効ではない。この応力集中を緩和するためには接着部端面

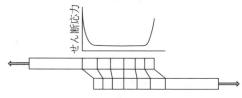

図 6.14　接着部のせん断応力分布

を面取り加工したり，接着端面を樹脂コーティングするなどが必要である[4]。なお，実際には応力分布はより複雑であり，詳細な応力状態を求めるには有限要素法を用いた数値計算が必要となる。

6.4 座 屈

柱に引張荷重が作用する場合，柱の断面内に生じる引張応力が材料の引張強度以下であれば引張破断は生じないため，構造上安全である。一方で，圧縮荷重が作用する場合には，材料の圧縮強度よりも低い応力下において柱が折れ曲がる**座屈**（buckling）変形を生じることがある（**図 6.15**（a））。座屈が生じると，軸力により曲げモーメントが増大してたわみが増え，柱はそれ以上の荷重を支持することができなくなって崩壊する（図 6.15（b））。**図 6.16** は，GFRP製の薄板に圧縮荷重を負荷して，座屈が生じる様子を撮影したものである。一度座屈を生じると容易にたわみが増大していく。この例では座屈が生じてもGFRP は損傷しておらず，座屈が生じた直後に除荷すれば元の形状に戻る。これを弾性座屈といい，弾性変形内での座屈である。弾性変形を超えて塑性変形の領域で座屈する場合には，塑性座屈と呼ばれる。

以上より，圧縮荷重が作用する場合には，圧縮強度を基準に構造設計するのではなく，座屈強度を基準に構造設計をする必要がある。例として柱を挙げた

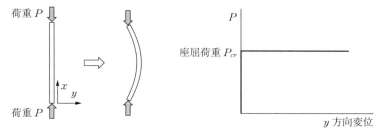

（a） 軸圧縮による柱の座屈　　（b） 弾性座屈における荷重-たわみ線図

図 6.15　柱の座屈現象および荷重-変位線図

（a）　負荷前　　　　　（b）　圧縮負荷による座屈変形　　　　（c）　除荷後

図6.16　GFRP製の薄板の弾性座屈

が，柱のみならず板や筒などの殻構造（薄板構造）では座屈が生じやすい。また，座屈は圧縮によってのみ生じるわけではなく，せん断荷重によるせん断座屈や，ねじりモーメントによるねじり座屈なども生じる（図6.17）。

　　　　　　　　　　　　　　　薄肉円筒の場合　厚肉円筒の場合
（a）　薄板のせん断座屈　　　（b）　円筒の圧縮座屈　　　　（c）　円筒のねじれ座屈

図6.17　座屈変形の例

　FRPは微視的には不均質材料であるが，巨視的には等方性または直交異方性の力学特性を持つ均質材料として取り扱うことができる。このような場合には，等方性または直交異方性の座屈理論をそのまま利用できる[5),6)]。柱や板，殻などで比較的形状が単純な場合には座屈荷重の理論解が得られるが，形状が複雑になると有限要素法を用いて数値的に求める必要がある。

　どのような場合に座屈が生じるのかについて，柱を例に弾性座屈について説明する。図6.18（a）に示すような長さL，曲げ剛性EIの柱を考える。ここで，Eは縦弾性係数，Iは断面2次モーメントである。柱の長手方向にx座標，

6.4 座屈　163

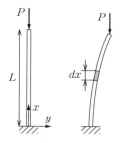
（a）一端固定・一端自由支持の柱

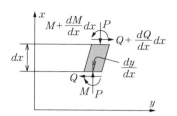
（b）柱の微小部分に作用する内力

図 6.18 軸圧縮荷重を受けて座屈した柱の力学モデル

その直交方向に y 座標（たわむ方向）をとる。この棒に圧縮荷重 P を作用させると，棒が図（a）のように座屈したとする。このときの任意の x 位置における柱の微小部分（長さ dx）を取り出してつり合いを調べる（図（b））。この微小部分に作用する y 方向の力のつり合い式はつぎのようになる。

$$\left(Q+\frac{dQ}{dx}dx\right)-Q=0$$

$$\therefore\ \frac{dQ}{dx}=0 \tag{6.28}$$

また，微小部分に作用する $x+dx$ 点まわりのモーメントのつり合い式は次式のようになる。

$$\left(M+\frac{dM}{dx}dx\right)-M-Q\,dx-P\frac{dy}{dx}dx=0$$

$$\therefore\ \frac{dM}{dx}-Q-P\frac{dy}{dx}=0 \tag{6.29}$$

この式を x で 1 回微分して，式 (6.28) を代入すると

$$\frac{d^2M}{dx^2}-P\frac{d^2y}{dx^2}=0 \tag{6.30}$$

となる。ここで，単純曲げ理論より，柱の曲げモーメントとたわみ y の間には次式の関係がある。

$$M=-EI\frac{d^2y}{dx^2} \tag{6.31}$$

この式を式 (6.30) に代入すれば，次式で表される柱の座屈によるたわみ y についての微分方程式を得る。

$$\frac{d^4y}{dx^4} + \alpha^2 \frac{d^2y}{dx^2} = 0 \tag{6.32}$$

ただし

$$\alpha = \sqrt{\frac{P}{EI}} \tag{6.33}$$

とした。この微分方程式の一般解は

$$y = A_1 \sin \alpha x + A_2 \cos \alpha x + A_3 x + A_4 \tag{6.34}$$

で与えられる。A_1, A_2, A_3, A_4 は積分定数であり，柱の境界条件より決定される。

柱の境界条件としては固定端，回転端，自由端，移動端などがあり，それぞれの条件を**表 6.1** に示す。また，これらの境界条件の組み合わせによる柱の支持方法のいくつかを**図 6.19** に示す。

例として，両端回転支持の場合について考えてみる（図 6.19（b））。両端回転支持の境界条件の場合，$x=0$（柱の下端）および $x=L$（柱の上端）においてたわみ $y=0$，モーメント $d^2y/dx^2=0$ であるから，合計四つの条件がある。この各条件を式 (6.34) に代入すると以下の式が得られる。

$$\begin{bmatrix} 0 & 1 & 0 & 1 \\ 0 & -\alpha^2 & 0 & 0 \\ \sin \alpha L & \cos \alpha L & L & 1 \\ -\alpha^2 \sin \alpha L & -\alpha^2 \cos \alpha L & 0 & 0 \end{bmatrix} \begin{Bmatrix} A_1 \\ A_2 \\ A_3 \\ A_4 \end{Bmatrix} = 0 \tag{6.35}$$

これより，もし $A_1=A_2=A_3=A_4=0$ とすれば上式はすべて成立するが，この場合には柱が座屈しないことを意味するから，これ以外の解を見つける必要がある。$A_1=A_2=A_3=A_4=0$ 以外の解が存在するためには，係数の行列式が 0 にならなければならない。したがって

6.4 座屈

表6.1 柱の境界条件（各支持方法とその条件）

支持方法	条 件		たわみ y たわみ角 $\dfrac{dy}{dx}$
固定端	たわみ＝0	たわみ角＝0	モーメント $M = -EI\dfrac{d^2y}{dx^2}$ （式(6.31)より） 横力 $Q = \dfrac{dM}{dx} - P\dfrac{dy}{dx}$ （式(6.29)より）
回転端	たわみ＝0	モーメント＝0	
自由端	モーメント＝0	横力＝0	
移動端	たわみ角＝0	横力＝0	

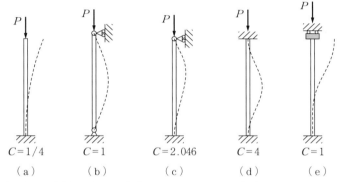

(a) 一端固定・一端自由支持，　(b) 両端回転支持，　(c) 一端固定・一端回転支持，
(d) 両端固定支持，　(e) 一端固定・一端移動支持

図6.19 柱の支持方法の例

$$\det \begin{bmatrix} 0 & 1 & 0 & 1 \\ 0 & -\alpha^2 & 0 & 0 \\ \sin \alpha L & \cos \alpha L & L & 1 \\ -\alpha^2 \sin \alpha L & -\alpha^2 \cos \alpha L & 0 & 0 \end{bmatrix} = -\alpha^4 L \sin \alpha L = 0 \quad (6.36)$$

でなければならない．これより，α および L は 0 ではないから，$\sin \alpha L = 0$ でなければならない．すなわち

$$\alpha L = n\pi \quad (n = 1, 2, \cdots) \quad (6.37)$$

となる．式(6.37)および式(6.33)から，座屈荷重 P は

$$P = n^2 \frac{\pi^2 EI}{L^2} \tag{6.38}$$

となる。特に $n=1$ のときが座屈を生じる最小の荷重となるから，これを臨界座屈荷重 P_{cr} という。

$$P_{cr} = \frac{\pi^2 EI}{L^2} \tag{6.39}$$

臨界座屈荷重は材料の圧縮強度には無関係であり，曲げ剛性 EI に比例し，長さ L の2乗に反比例する。なお，境界条件が異なる場合には

$$P_{cr} = C \frac{\pi^2 EI}{L^2} \tag{6.40}$$

となる。ここで C は境界条件によって決まる定数であり，端末係数と呼ばれる。各境界条件による端末係数は図 6.19 に示してある。

座屈荷重を応力で表すと

$$\sigma_{cr} = \frac{P_{cr}}{A} = C \frac{\pi^2 E}{(L/i)^2} \tag{6.41}$$

となる。ここで，i を断面2次半径といい，$i^2 = I/A$ である。また，L/i を細長比という。

図 6.20 は，縦軸に柱の強度を，横軸に細長比をとり，式 (6.41) を描いたものである。ここで，式 (6.41) より，座屈応力が材料の圧縮強度 σ_F と等しくなるときの細長比は

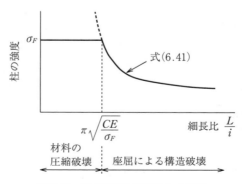

図 6.20 柱の強度と細長比との関係

$$\frac{L}{i} = \pi\sqrt{\frac{CE}{\sigma_F}} \tag{6.42}$$

である。すなわち，細長比 L/i が上式の右辺よりも大きければ柱は座屈を生じて崩壊し，小さければ座屈を生じずに圧縮破壊する。

最後に，均質等方性材料の平板の座屈応力の算出方法について簡単に説明する。平板における微小たわみ変形の平衡方程式は，たわみを w とすると

$$\frac{\partial^4 w}{\partial x^4} + 2\frac{\partial^4 w}{\partial x^2 \partial y^2} + \frac{\partial^4 w}{\partial x^4} + \frac{1}{D}\left(N_x\frac{\partial^2 w}{\partial x^2} + N_y\frac{\partial^2 w}{\partial y^2} + 2N_{xy}\frac{\partial^2 w}{\partial x \partial y}\right) = 0 \tag{6.43}$$

となる。ここで，D は板の曲げ剛性（$=Et^3/\{12(1-\nu^2)\}$），t は板厚，ν はポアソン比，N_x および N_y はそれぞれ x および $y=$ 一定の断面に働く面内圧縮力，N_{xy} は x および $y=$ 一定の断面に働く面内せん断力である。

4 辺回転端とすれば，式 (6.43) を満たす解をつぎのようにおくことができる。

$$w = A_{mn}\sin\frac{m\pi x}{a}\sin\frac{n\pi y}{b} \quad (m=1,2,\cdots, \quad n=1,2,\cdots) \tag{6.44}$$

これより，例えば図 6.21 のような x 方向から一様圧縮荷重（$N_y=N_{xy}=0$）を受ける 4 辺回転支持の場合の平板の座屈応力は次式で与えられる。

$$\sigma_{cr} = \frac{E\pi^2}{12(1-\nu^2)}\left(\frac{t}{b}\right)^2\left(\frac{bm}{a} + \frac{an^2}{bm}\right)^2 \tag{6.45}$$

ここで，m および n はそれぞれ x 方向および y 方向の座屈波形の半波の数を示す。y 方向の波数は $n=1$ のときに座屈応力が最小値となる。一方，x 方向の波数は，平板の縦横比 a/b によって座屈応力の最小値を与える m の値が変化する。

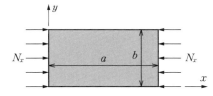

図 6.21　一方向から一様な圧縮荷重を受ける 4 辺回転支持の平板

6.5 安　全　率[7),8)]

6.5.1 概　　要

1970年代のFRP設計の安全率は，MDMの舟艇[9)]（**表6.2**），既存の鋼製品などの各種荷重形式を参考に，耐食設計（耐食層形成），構造設計（外力強度計算，静的特性値），および応力集中係数（形状変化）を考慮し，2倍以上の安全率[10)]を用いて設計してきた。

表6.2 MDM（舟艇）規格の安全率[9)]
【出典：Gibbs & Cox Inc.：MARIN DESIGN MANUAL for Fiberglass Reinforced Plastics, Mc Graw-Hill（1960）】

荷　重	安全率
静的短期間荷重	2
静的長期間荷重	4
変動荷重	4
繰返し荷重	6
衝撃繰返し荷重	10

しかし，安全率に影響を与える因子が多いことより，これでは過剰設計になりコスト面から他材料と競争力と信頼性を失う恐れがあるため，強化プラスチック協会では安全率に影響する諸事項を考慮した各要因の係数を規定し，各係数の相乗により設計基準の安全率を算出する方法へと移行してきた。FRPの構造設計は，外力に対しての許容応力，限界値，安全率，作用応力で強化層の強度計算を行っている。

安全率は，「許容応力（許容応力＝限界値／安全率≧作用応力）を決めるときの安全率（＞1）は，その決定に影響する要因を考慮して，おのおのに対応する要因係数（L_i）の相乗によって求める。すなわち，安全率（F）＝$F_0 \times L_1 \times \cdots \times L_n$，$F_0$は基本安全率である」と「FRP構造設計便覧[8)]」で定義されている。

6.5.2 静的特性値および限界値

構造強度設計の許容応力の計算に用いる限界値（F_L）は，材料試験から求めた使用温度での静的特性値（破壊強さおよび弾性率）に使用条件および耐用年数を考慮して，使用温度での静的特性値および限界値[7]によって求める。

限界値は，使用温度での静的特性値に破壊強さの種類により，0.6（曲げ・横せん断強さ），0.7（引張・面内せん断・層間せん断・面圧・圧縮強さ），0.8（引張・曲げ・面内せん断弾性率）の係数を乗じて決定する。

長期的な力に対する限界値は，クリープなどを考慮して，静的限界値の1/1.5倍とする。

6.5.3 安全率に影響する要因係数

構造設計の許容応力に対する安全率（F）に影響する要因係数（$F_0 \times L_1 \times \cdots \times L_8$）をつぎに説明する。

〔1〕 **基本の安全率**（F_0）：1.2〜1.4

構造設計の限界値（静的特性値）は，破壊強さが問題になる場合と剛性が問題となる場合の2種類がある。

① 材料の破壊強さが基準となる場合 $F_0 = 1.3$ とする。

② 構造としての剛性（弾性率）が基準となる場合 $F_0 = 1.2$ とする。ただし，小さくしたのは，外力が除去されれば，破損もなく復元するからである。

③ 毒物および劇物運搬用のタンクローリーは，$F_0 = 1.4$ としている。

〔2〕 **材料特性値の信頼度係数**（L_1）：1.0〜1.2

① FRP 材料についての設計上必要な特性は，使用条件と同じ環境と負荷の下で確認することが基本であり，最も望ましい。このようにして得られた材料特性値を設計に際して用いる場合には，$L_1 = 1.0$ とする。

なお，材料試験片は，最も問題となる部位から採取することが望ましいが，同一成形条件の下で製作された材料から採取してもよい。

② 常温・空気中での静的短期試験のみを行い，疲れ，クリープ，各種環境下で破壊強さなどの低下率を既存データを参照して推定する場合 $L_1 = 1.1$ とする。

実際は，経費・日時・試験装置などの関係で，① のように材料試験を行わず，静的短期試験だけ行い，各種環境下での破壊強さおよび弾性率の低下率，疲れやクリープによる破壊強さおよび弾性率の低下率などを，既存データを参照して推定する場合とする。

③ 静的短期試験すら全然行わないで，実際の運用環境での材料特性値を，既存データを参照して推定する場合は，$L_1=1.2$ とする。

〔3〕 **用途・重要度係数** (L_2)：$0.9 \sim 1.2$

FRP構造の安全性・信頼度は，その用途と重要性に応じて決定されるべきである。従来の建築基準法ではこのような重要度係数（$0.75 \sim 1.25$）を雪荷重や風荷重などの外力に掛けて増減している。その場合には，$L_2=1.0$ として安全率内で考慮する必要はないが，本来安全率のうちに含めて考えるべき因子であろう。外力基準に用途・重要度が含まれていない場合には，構造の破損が及ぼす影響に応じてつぎの値をとる。

① 多人数を殺傷する恐れのある場合　　　$L_2=1.2$
② 公共性があり，社会的影響が大きい場合　$L_2=1.1$
③ 一般の場合　　　　　　　　　　　　　$L_2=1.0$
④ 仮設物の場合　　　　　　　　　　　　$L_2=0.9$

ただし，①，② の場合には，少なくとも静的材料試験を行って材料特性を確認することが義務づけられる。

〔4〕 **外力荷重の推定の不確定係数** (L_3)：$L_3=1.0 \sim$，$\geqq 1.0$

本来は外力基準で与えられた外力荷重もばらつきのある統計量であり，材料特性のばらつきをもった予想値であり，この不確定さを十分盛り込んだ外力基準が規定される。

① すでに所管官庁，協会・学会などで安全側に規定されていて，それらに準拠する場合には，$L_3=1.0$ としてよい。

② しかし長年にわたる単なる平均値であり，突発的な外力発生の危険があり，また未知の分野への応用など，外力基準がはっきりしない場合には，契約当事者間の協定を基に，$L_3>1.0$ の値とする。

〔5〕 構造計算での精度係数 (L_4):1.0～1.3, $\geqq 1.0$

FRP構造は，異方性で複雑な形状をしており，厳密な構造計算を行うことが難しい。数値計算にしても，人為的なミスを伴う場合がある。そこで構造計算での精度の程度には差異があるので定量的に決め難いが，一般にはつぎのような基準でL_4を決める。

① 有限要素法など精度のよい構造計算を行い，しかも試作構造の実験を行って，発生応力・破壊強さなどが正確に確認されている場合には，$L_4=1.0$とする。

② 一般には構造物を単純なモデルに置き換え，従来の構造力学・材料力学の比較的簡単な式で検討することが多いが，その場合は異方性を考慮しているかどうかなどに応じて，$L_4=1.15～1.3$とする。

③ さらに取付部の局部計算など境界条件すら推定せざるを得ない場合には，発注者は計算方精度に応じて，$L_4>1.0$の値とする。

〔6〕 材料特性のばらつき係数 (L_5):1.2～1.6

FRP材料は，同一材料と組成でも成形方法，作業員の経験年数，成形環境によって特性値は異なるし，材料固有のばらつきも金属材料に比べて大きく，信頼性の見地から確率論的考察を安全率に加味して考える必要がある。材料試験を行うか否かに応じて，つぎの2通りの決め方がある。

① 実際の構造と同一条件で製作した多数の試験片について材料試験を行った場合，少なくとも10個以上の試験片数である特性値を測定したとする。平均値をχ，標準偏差値をσとするときばらつき係数L_5として，つぎの式で定義した値を用いる。

$$L_5 = \frac{1}{1 - k_p \dfrac{\sigma}{\chi}}$$

ここで，$\sigma/\bar{\chi}$は変動率であり，k_pは特性値の値を正規分布としたときの不良率によって決まる値であり，つぎの値をとる。

6. 設　計　法

p	0.10	0.05	0.01	0.005	0.001	0.0005
k_p	1.28	1.64	2.38	2.57	3.09	3.29

通常，$p=0.001$（信頼度 99.9 %）として，$k_p=3.09$ を用いる。

（計算例）　材料試験を行った結果，変動率 $\sigma/\bar{\chi}=0.05$ の場合には，つぎの値をとる。

$$L_5 = \frac{1}{1-3.09\times 0.05} = \frac{1}{0.48} = 1.19$$

例えば，耐食貯槽（JIS K 7012）で，材料試験の変動係数（$\sigma/\bar{\chi}$）が弾性率の場合 $\sigma/\bar{\chi}=0.08$，破壊強さの場合 $\sigma/x=0.10$，と想定すると，弾性率の場合は $L_5=1.33$，破壊強さの場合は $L_5=1.45$ となる。

② 材料試験を行わない場合は，$(L_5=1.1\times L_{51}\times L_{52}\times L_{53})$ とする。

材料試験を行わず，ばらつき特性を確認しない場合ばらつき係数 L_5 は，下記の項目を考慮してつぎの式によって算出するが，相乗しても 1.2 に達しないときは，L_5 の最低地値を 1.2 とする。L_{51} は，相対的な差をつけるための係数である。

$$L_{51} = 1.1 \times L_{51} \times L_{52} \times L_{53}$$

ここに，L_{51}，L_{52}，L_{53} は以下の値をとる．

（ⅰ）L_{51}：成形法による係数

成形方法により厚さなどにばらつきがあるのでそれを考慮する。

- 機械成形で作る場合　　　　　　$L_{51}=1.0$
- ハンドレイアップ法で作る場合　$L_{51}=1.15$
- スプレーアップ法で作る場合　　$L_{51}=1.3$

（ⅱ）L_{52}：成形者の経験年数による係数

- 経験年数 2 年以上　　　　　　　$L_{52}=1.00$
- 経験年数 6 ヶ月〜2 年　　　　　$L_{52}=1.05$
- 経験年数 6 ヶ月未満　　　　　　$L_{52}=1.10$

（ⅲ）L_{53}：成形環境の整備状態による係数

- 空調設備のある工場内　　　　　$L_{53}=1.00$

- 空調設備のない工場内 　　　　$L_{53} = 1.05$
- 屋外・吹きさらし環境 　　　　$L_{53} = 1.10$

（計算例）　屋外で初心者がハンドレイアップ法で生産し，材料試験を行わないで，既存のデータを借り，それに基づいて設計する場合。

　　　$L_5 = 1.1 \times 1.15 \times 1.1 \times 1.1 = 1.53$

〔7〕　**衝撃的負荷を受ける場合の係数**（L_6）：1.2

静的でなく，ごく短時間に衝撃的に動的負荷を受ける場合には，慣性効果もあり，発生応力が静的時より大きくなるのが普通である。負荷レベルが低く弾性域内であるときは問題がないが，応力レベルが高くなると問題である。またFRP材料は，比較的延性に乏しく，層間はく離など衝撃に弱い性質がある。衝撃効果は，構造形態の荷重レベルに依存するので一概にはいえないが，つぎの衝撃係数をとる。$L_6 = 1.2$とする。

〔8〕　**長期荷重による破壊強さの低下係数**（L_7）：$1.0 \sim 1.5$ または $\geqq 1.0$

長期荷重による破壊強さの低下係数（L_7）は，$L_7 = L_{71} \times L_{72}$とする。

① クリープによる破壊強さの低下係数：$L_{71} = 1.0 \sim 1.5$，

長期に定常的荷重が作用する場合，クリープ現象のより静的特性は低下する。この程度は，負荷応力の大きさおよび方向などのよって異なるが，つぎの値をとる。

（ⅰ）　荷重が短期に加わる場合は $L_{71} = 1.0$ とする。

（ⅱ）　荷重が長期に加わる場合は $L_{72} = 1.5$ とする。

したがって，地震荷重や風荷重のような短期荷重を考慮する場合には $L_{71} = 1.0$ とすることができる。このことは，短期の許容応力は長期の許容応力の1.5倍とすることができることを示す。FRPは通常弾性係数が小さいため，座屈が問題となることが多い。この場合には発生応力が小さく，クリープ現象は問題とならないことが多い。このように，発生応力が小さいと確認された場合には，荷重が長期にわたって加わる場合でも $L_{71} = 1.0$ とすることができる。

② 繰返し荷重による破壊強さの低下係数：$L_{72} \geqq 1.0$ とする。

FRPが繰返し負荷を受けると，疲れ現象によってクラック，白化が進行し，

剛性，強度が低下する。この程度は負荷応力の大きさ，方向および繰返し回数などによって異なるので，状況に応じて他の係数の相乗の値も考慮して $L_{72} \geqq 1.0$ の値を決定する。

なお，FRP は，鋼材のように明白な疲れ限度と定義できる値は存在せず，繰返し数 10^7 回を超えても S-N 曲線は降下するので，繰返し荷重を受ける場合には，特にその発生応力に注意する必要がある。

〔9〕 **環境による破壊強さの低下係数**（L_8）$L_8 = 1.0 \sim 2.5$

耐食機器の使用される FRP は，薬液等の腐食性物質に接触することにより特性が低下する場合が多く，その低下の程度は，薬液の種類や濃度，使用温度，時間，および応力レベルなどのよって異なる。また屋外で使用される機器については，天候による特性の低下も生じる。

劣化の程度は試験によって確認することが望ましいが，$L_8 = 1.0 \sim 2.5$ とする。

〔10〕 **安 全 率**（F）

安全率は，設計の許容応力を決めるために，その決定に影響する要因を考慮して，おのおのに対応する係数（L）の相乗によって求める（$F = F_0 \times L_1 \times \cdots \times L_8$）。

ただし，材料特性値が静的特性値でなく限界値を使用した場合は，（L_7）と（L_8）は限界値に含まれているので除く。

なお，安全率は，短期荷重に対する安全率であり，この値を用いて求められる許容応力は，短期の許容応力である。この規格では，長期の荷重に対しては，限界値を 1/1.5 倍することとしているので，長期の許容応力は，短期の許容応力の 1/1.5 倍となる。逆にいえば，短期の許容応力は長期の許容応力の 1.5 倍ということであり，建築基準法施行令第 90 条や建築学会"鋼構造設計基準"などと同じ考え方となっている。

例えば，限界値を使用し長期の安全率を算出すると，破壊強さが基準となる安全率が 3.0 倍の場合，長期の安全率に相当する値は 4.5 倍となる。

6.5.4 設計と安全率

　FRP 製品は異方性材料で，金属材料，熱可塑性樹脂製品などの等方性材料と相違し，成形時に強化材に所定量の硬化剤を調合した樹脂を含浸，脱泡，賦形し，粘性な液体の樹脂は化学反応で硬化させて固体の成形物にする。完成品の外観検査では品質の良否の判断が困難であり，種々の作業環境要因に影響されるため，FRP 成形品は，"製作時の作り込み"が重要であり製作仕様を遵守し自主管理が要求される。

　構造設計の安全率は，材料特性のばらつき係数および材料特性の信頼度係数など種々の作業要因に影響され，その一つの要因でもおろそかにすると品質の保証は困難となる。製作において信頼性を担保するために各要因に対する設計の安全率（要因係数）を高くとる必要が生じ，コスト競争力が低下する結果となる。そのため，FRP 成形の規格基準は，設計製作時の種々な要因で性能が左右されるため，コスト競争に打ち勝つため，安全率を最低値とし自主管理を徹底する。

① 設計温度は，使用する樹脂の熱変形温度により，契約当事者間の協議により決めることができる。

② 材料特性値を使用温度での静的特性値を用いた場合は，安全率$(F) = F_0 \times L_1 \times \cdots \times L_8$の相乗で求め長期の安全率とする。

③ 限界値を用いた計算の安全率 $F = F_0 \times L_1 \times \cdots L_6$ の相乗は，短期的な力の許容応力を求めたもので，長期的な力は 1.5 倍以上とする。

④ 寿命の目安は，FRPS C 003（性能検査指針）では，製品の抜取り強さの保持率 50 % を寿命の目安としているので，その場合の安全率は設計時の安全率×0.5 倍となる。

⑤ 実機での検証試験，規格基準での耐久性試験などの信頼できるデータが提示される場合は基本安全率 F_0 を除いて各係数を減ずる。FRPS P 001（FW 管）FRPS P 002（FW 管継手）規格では，海水等を常温で搬送する場合は $L_8 = 1.2$ としている。

176   6. 設　　計　　法

⑥ 長期間静水圧破壊強さまたは長時間繰返し水圧破壊強さを用いる場合等は，契約当事者間でその都度必要係数を選定し安全率を決定する。

⑦ 切欠き欠損などの形状変化を伴う二次積層接合部の接着せん断強さは，7 MPa，またはジョイントファクタを用いて求める。その形状変化に対する安全率 F は，応力集中係数を C として，安全率に2倍以上を乗じることを規定[11],[12]している。

6.5.5 流体管の内圧計算例

〈計算例〉

本計算例は JIS K 7013（FRP 管）の内径 300 mm，使用温度での周方向内圧強さ 250 MPa の2類管（耐食層厚さ 2.5 mm）を使用温度での使用内圧力 0.5 MPa の厚さを計算する。

なお，管は単品計算なので，熱応力（引張り，圧縮など），埋設圧，減圧（真空），曲げ撓みなどの動的力は，別途限界値，安全率に影響する要因係数を基に配管設計する。

〈解答〉

（1）　限界値 F_L は 175 MPa である。

周方向内圧強さ 250 MPa に 0.7（限界値係数）を乗じる。

（2）　限界値を用いた安全率（F）は 3.5 である。

$F = F_0 \times L_1 \times \cdots L_6 = 1.3 \times 1.1 \times 1.1 \times 1.2 \times 1.1 \times 1.3 \times 1.2 ≒ 3.3$ であるが最低値を 3.5 と規定している。

（3）　許容応力 f は，33.3 MPa である。

$f = F_L \div F = 175\,\mathrm{MPa} \div 3.5 = 50\,\mathrm{MPa}$ で短期的な力の許容応力を求めたものである。長期的な力は，$50\,\mathrm{MPa} \div 1.5 = 33.3\,\mathrm{MPa}$

（4）　管の厚さ t は 4.8 mm である。

$$t = \{p(d_i + 2t_1) \div 2S_H - p\} + t_1 = \{0.5(300 + 5) \div 66.6 - 0.5\} + 2.5 = 4.8$$

ここに，t：管の厚さ〔mm〕，p：使用内圧〔MPa〕，d_i：管の内径〔mm〕，S_H：周方向内圧強さ〔MPa〕，t_1：耐食層の厚さ〔mm〕である。

6.6 有限要素法

有限要素法とは，偏微分方程式を近似的に解く方法である。物理現象の多くは偏微分方程式を用いて表現することができるが，それらの厳密解を求めるのが困難な場合がある。特に，任意の形状に対して厳密解を得ることはほぼ不可能である。このような場合に，有限要素法を用いれば偏微分方程式を近似的に解くことができるので，非常に有用である。例えば実製品形状での構造解析においては，物体内部での応力の平衡方程式を有限要素法を用いて離散化して，変位や反力を近似的に求めて応力解析を行うのが一般的である。

有限要素法は構造解析分野において発展してきたが，現在では伝熱，流体，電磁気などの様々な分野でも用いられている。有限要素法の内容を本項で十分に説明するのは紙面の制約から難しいため，ここでは1次元の構造解析を例に挙げてその概要を簡単に述べるにとどめる。有限要素法の詳細については，専門書（例えば文献13）〜16））を読んでいただきたい。

有限要素法の基本的な考え方としては，例えば図 6.22 のように，物体を有限個の要素に分割（離散化）して，それぞれの要素での変形を求め，それを構造全体で重ね合わせることによって全体の変形を求めようとするものである。これにより複雑な形状に対応できるのが特徴である（図 6.23）。

図 6.24 のように，一端固定された長さ L，断面積 A，縦弾性係数 E の棒の先端に軸力 t が作用している1次元の問題を考える。また，棒には単位長さ当

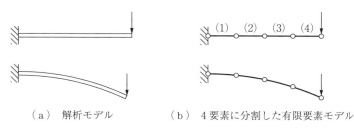

(a) 解析モデル　　(b) 4要素に分割した有限要素モデル

図 6.22 1次元での有限要素法のモデル化の例
（上段は変形前，下段は変形後）

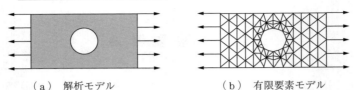

（a）解析モデル　　　　　　　　（b）有限要素モデル

図 6.23 2次元での有限要素法のモデル化の例（有孔平板の引張り）

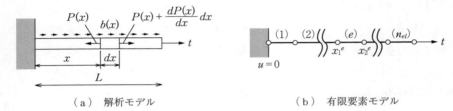

（a）解析モデル　　　　　　　　（b）有限要素モデル

図 6.24 1次元の構造解析問題

り b の物体力が一様に作用しているとする。内力を P とすれば，棒の微小部分における力のつり合いより

$$\frac{dP(x)}{dx}+b(x)=0 \tag{6.46}$$

となる。ここで，内力 P は

$$P=A\sigma=AE\varepsilon=AE\frac{du}{dx} \tag{6.47}$$

と表せる。なお，σ は応力，ε はひずみ，u は変位である。この式を式 (6.46) に代入すれば，つぎのように書き直せる。

$$\frac{d}{dx}\left(AE\frac{du}{dx}\right)+b=0 \tag{6.48}$$

また，この問題における境界条件は

$$\left.\begin{array}{l} x=0 \text{ において，} u=0 \\ x=L \text{ において，} \sigma=E\dfrac{du}{dx}=t \end{array}\right\} \tag{6.49}$$

である。これらをまとめると

$$\frac{d}{dx}\left(AE\frac{du}{dx}\right)+b=0 \quad (0<x<L) \tag{6.50 a}$$

$$u(x=0)=0 \tag{6.50 b}$$

$$\sigma(x=L)=\left(E\frac{du}{dx}\right)_{x=L}=t \tag{6.50 c}$$

となる．すなわち，式 (6.50 b) と式 (6.50 c) の二つの境界条件の下で，平衡方程式 (6.50 a) を解くことにより未知数である変位 $u(x)$ を求める境界値問題である．

式 (6.50) を仮想仕事の原理などを用いて式変形した後，離散化を行うと，最終的につぎのような剛性方程式が得られる．

$$F=Kd \tag{6.51}$$

ここで，F は外力（外力ベクトル），K は棒の剛性（全体剛性マトリックス），d は変位（節点変位ベクトル）を表す．

式 (6.51) にそれぞれの成分を代入すれば連立方程式が得られるから，それを解けば未知数である節点変位や反力を求めることができる．また，変位からひずみや応力を算出できる．

このように偏微分方程式を離散化によって連立方程式に直して解く方法を有限要素法という．物体を有限個の要素に分割し，各節点での未知数に対する連立方程式を解くことによって，近似的な解が得られる．なお，線形問題であれば節点数を増やせばこの方法で得られる近似解は厳密解に近づくことが証明されている．節点数（連立方程式の未知数）が多いと連立方程式を解くために計算機が必要であり，有限要素法は計算機性能の向上とともに発展してきた解法である．

6.7 シミュレーション

製品開発において，**CAD**（computer aided design），**CAE**（computer aided engineering），**CAM**（computer aided manufacturing）と呼ばれるコンピュー

180　6. 設　計　法

タ援用設計・開発が行われている（**図 6.25**）。これらはコンピュータ上で部品の図面作成，部品および組立品の性能評価，そして部品の加工手順，組み立て手順の決定までを行うものである。これらの中で，CAE が基本法則に従って物理現象を再現する数値シミュレーションである。もう少し具体的には，無限の自由度を持つ固体や流体などの連続体を，有限の自由度（要素や粒子）に離散化して，近似的にその挙動を求めるものである。数値シミュレーション手法としては有限要素法，差分法，境界要素法，メッシュレス法，粒子法などがある[17]。

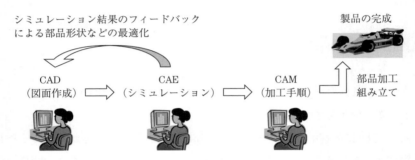

図 6.25　コンピュータを利用した製品開発プロセスにおけるシミュレーションの利用

本節では，CAD/CAE/CAM の概要を説明した後，CAE によるシミュレーションについて述べる。なお，CAD と CAM はシミュレーションには含まれないが，CAD/CAM と CAE との関連および FRP におけるその枠組みを超えた CAE の応用展開とを理解する上で，CAD/CAM も含めて理解するのがよいと思われる。なお，CAE によるシミュレーションを主体とした場合，CAD における解析モデルの作成はプリプロセス（前処理）と呼ばれる。

CAD では，コンピュータ上で 3 次元形状の部品図と組立図とを作成することができ，また，組み立て時の部品どうしの干渉を確認することができる。

CAE では，CAD で作成したそれぞれの部品データを用いて，その部品に実際に加わるであろう外力や熱を作用させて，コンピュータ上で応力分布や変形形状などをシミュレーションする。これより部品単体または製品の状態で想定される外力が作用した場合に，破損しやすい箇所を見つけることができる。ま

た，この応力分布を設計工程，すなわち CAD による部品図の作成工程にフィードバックすることによって，部品形状の改善（寸法最適化，形状最適化，トポロジー最適化）が可能である。CAE においては構造解析のみならず，流体解析や熱解析，振動解析なども行うことができる。例えば自動車業界では，CAD で作成した部品をコンピュータ上で組み立てた状態，すなわち完成車の状態において，走行中の車体まわりの空気の流れや，エンジンからの熱の伝わり，また振動特性などをシミュレーションにより求め，その結果から部品形状や配置などを最適化していく設計プロセスをとっている。これによって，実際に試作品を製作して試験する場合に必要となるコストと時間とを大幅に削減でき，よりよい製品をより早く作り出すことが可能になる。

CAM では，CAD によって作成した部品図から，NC 工作機械で加工するための制御プログラムを作成する。このプログラムを NC 工作機械に転送すれば，すぐに部品の加工が行える。また，近年では 3D プリンターの普及とともに，3D プリンター用のプログラムを作成して，部品を 3D プリントさせることもできるようになっている。

以上がコンピュータ援用設計・開発の流れである。CAE と数値シミュレーションとはほぼ同義であり，設計した部品が要求性能を満たすかどうかを事前に調べたり，シミュレーション結果を用いて部品形状を最適化するために用いられている。実験をシミュレーションに置き換えることによって（数値実験ともいわれる），試作にかかるコストと手間を削減し，優れたものを短時間で作り出す必要不可欠な技術である。

一方で，シミュレーションは製品開発においてだけでなく，研究開発においても積極的に利用されている。研究開発においては，単に実験をシミュレーションに置き換えるのではなく，実験が困難な場合や，より優れた FRP 製品を作り出すために活用される。FRP に関するシミュレーションについての研究報告は多数あるが，ここでは今後の FRP 産業において求められるライフサイクルシミュレーション（**図 6.26**）と，マルチスケール/マルチフィジックスシミュレーションについて説明する。

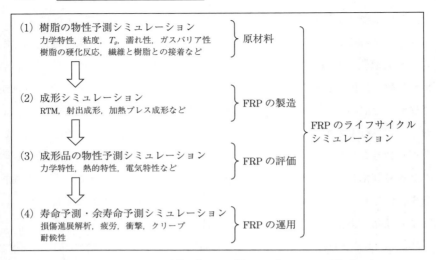

図 6.26 FRP における"作る"から"捨てる(リサイクル)"までの
ライフサイクルシミュレーション

ライスサイクルシミュレーションとは，繊維と樹脂との材料の製造から，FRP 製品の廃棄に至るまでの，"作る"から"捨てる（リサイクル）"までをシームレスにシミュレーションすることである（ただし，この中の一部のシミュレーション技術はまだ研究開発段階である）。

樹脂の製造段階において，力学特性や成形性，繊維との接着性などをシミュレーションにより予測して，複合材料に適した樹脂開発を行うことができる。また，ガラス転位温度 T_g やガスバリア性などもシミュレーションにより求めておくことで，後述の成形品の物性予測シミュレーションにおいて利用できる。

FRP の繊維と樹脂との材料特性が与えられれば，それを用いて成形のシミュレーションができる。例えば，織物 FRP の RTM 成形では，基材を型に置いたときに生じるしわの発生や織物構造の変化などを予測する賦形のシミュレーション，樹脂を型に注入した際に繊維のうねりやボイドの発生を予測する樹脂流動のシミュレーション，樹脂の硬化収縮や冷却による反りや残留応力を予測するシミュレーションなどである。

これらの成形シミュレーションによって，RTM 成形により製作した FRP の

数値シミュレーションモデルが得られるから,つぎにその成形品の力学特性,熱的特性,電気特性などをシミュレーションにより予測することができる。これによって,要求に合致する性能を有するFRPであるかを判断でき,また,成形条件が成形品の力学特性などに与える影響についても事前に評価することができる。

FRPの数値シミュレーションモデルから,損傷進展解析,疲労特性,耐衝撃性,クリープ特性,耐候性などのシミュレーションを行うことによって,耐久性や寿命予測が可能である。また,運用下における実製品の定期検査や構造ヘルスモニタリングによる検査データとシミュレーション結果とを比較することによって,より精度の高い余寿命予測も可能となる。このように,ライフサイクルシミュレーションとはFRP製品の製造から廃棄に至るまでをシームレスにシミュレーションすることによって,繊維と樹脂との組み合わせと強化形態,成形方法を決定した際に,材料特性と寿命とを定量的に予測しようするものである。より高性能でより安全・安心なFRP製品を,より低コストでより早く作り出すことができるようになる。

つぎにマルチスケール/マルチフィジックスシミュレーションである。まずマルチスケールシミュレーションとは,例えばミクロスケールでの構造と物性とから,マクロスケールでの特性を求めたり,または双方を連成させて解析する手法である[18),19)]。FRPにおいては,繊維と樹脂とのミクロスケールでの構成から製品スケールでの力学的挙動を予測したり,製品スケールでの負荷状態からミクロスケールでの損傷状態を算出できる。分子スケールのシミュレーションから大型構造の挙動を丸ごとシミュレーションするような革新的マルチスケール構造設計が求められている[20)]。

マルチフィジックスシミュレーションは連成解析のことであり,例えば構造と流体,構造と熱などの連成問題を解くためのシミュレーションである。FRP製の風力発電用ブレードの回転時の変形を求める場合には,ブレードまわりの空気の流れによる力を考慮する必要があるため,構造-流体の連成解析が必要である。また,FRP製の航空機主翼がそのまわりの空気の流れによる力を受けて振動するフラッター解析の場合にも,構造-流体の連成解析が必要である。

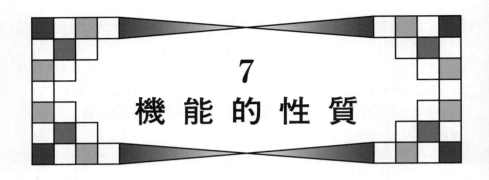

7
機 能 的 性 質

7.1 導電率,誘電率と絶縁破壊

　理想的に繊維が整列し,断面が**図 7.1** に示すように直線の繊維(黒色部)と母材(白色部)で構成される場合を考える。長さ a,幅 a,厚さ 1 の正方形ユニット構造の上端部に電位を負荷する際の複合材料の電気抵抗 R_c を求める。繊維の比抵抗を ρ_f,母材の比抵抗を ρ_m,繊維の堆積含有率を V_f とする。図に示すようにユニット上下に等電位面を設置する。**比抵抗** ρ,断面積 S,長さ L の導電材料の抵抗 R は次式で表される。

$$R = \rho \frac{L}{S} \tag{7.1}$$

　長さは繊維と母材で同じ a であり,ユニットの厚さが 1 であることから,断面積は上下の等電位面の電極部分長さと同じになる。繊維の電極部分長さは

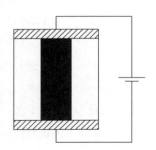

図 7.1　繊維方位の電気的特性モデル

繊維の体積含有率から簡単に aV_f と計算できる．同様に，母材の電極部分長さは $a(1-V_f)$ と計算できる．これらから，繊維と母材のそれぞれの電気抵抗 R_f, R_m は次式で与えられる．

$$R_f = \rho_f \frac{a}{aV_f} = \frac{\rho_f}{V_f} \tag{7.2}$$

$$R_m = \rho_m \frac{a}{a(1-V_f)} = \frac{\rho_m}{1-V_f} \tag{7.3}$$

このユニット複合材の電気抵抗 R_{LC} は繊維と母材の電気抵抗の並列接続であるから，次式で計算できる．

$$\frac{1}{R_{LC}} = \frac{1}{R_f} + \frac{1}{R_m} \tag{7.4}$$

このユニット複合材の長さは a，厚さ 1，幅 a であるので，複合材料の比抵抗 ρ_{LC} は次式で計算できる．

$$\rho_{LC} = R_{LC} \frac{S}{L} = R_{LC} \frac{1 \times a}{a} = R_{LC} \tag{7.5}$$

比抵抗 ρ の逆数は導電率 σ であるから，次式が得られる．

$$\sigma_{LC} = \sigma_f V_f + \sigma_m (1-V_f) \tag{7.6}$$

ただし，ここで σ_{LC} は繊維方位の複合材料の導電率，σ_f は繊維の導電率，σ_m は母材の導電率である．

炭素繊維は導電性材料であり，プラスチックは絶縁材料であるので，CFRP の繊維方位の導電率 σ_c は次式で求められる．

$$\sigma_c = \sigma_f V_f \tag{7.7}$$

つまり，CFRP の繊維方位導電率は繊維の体積含有率に比例する．

つぎに**図7.2**に示すように繊維直交方位に電圧を負荷する場合を考える．この場合，繊維と母材の幅は同じ a であり，厚さは 1 である．長さは，繊維が aV_f であり，母材部分長さは $a(1-V_f)$ である．したがって，繊維と母材の電気抵抗は次式で表される．

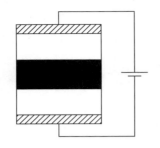

図 7.2 繊維直交方位の電気的特性モデル

$$R_f = \rho_f \frac{aV_f}{a} = \rho_f V_f \tag{7.8}$$

$$R_m = \rho_m \frac{a(1-V_f)}{a} = \rho_m (1-V_f) \tag{7.9}$$

このユニット複合材の繊維直交方位の電気抵抗 R_{TC} は繊維と母材の電気抵抗の直列接続であるから，次式で計算できる．

$$R_{TC} = R_f + R_m = \rho_f V_f + \rho_m (1-V_f) \tag{7.10}$$

繊維方位と同様に，ユニット複合材の長さ a で除して幅 $a \times 1 = a$ を積算すると，次式で表される繊維直交方位の比抵抗 ρ_{TC} に関する複合則が得られる．

$$\rho_{TC} = R_{TC} \frac{a}{a \times 1} = R_{TC} = \rho_f V_f + \rho_m (1-V_f) \tag{7.11}$$

CFRP の場合，プラスチックの比抵抗が無限大であるので次式となる．

$$\rho_{TC} = \infty \tag{7.12}$$

現実の CFRP では ρ_{TC} は ∞ ではない．炭素繊維はプリプレグ成形時に繊維束をロールプレスで平坦化されており，繊維どうしたがいに必ず接触している．この接触のために繊維直交方位と厚さ方位に導電性を有している．層間に層間はく離抵抗増大のためのゴム粒子を添加した高靭性プリプレグでも厚さ方位に導電性が存在する．代表的な CFRP の比抵抗を**表 7.1** に示す．

表 7.1 CFRP の比抵抗 〔Ω·m〕

	繊維方位	直交方位	厚さ方位
IM600/133[1]	2.78×10^{-5}	8.73×10^{-1}	5.58×10^{2}
TR/380[2]	2.44×10^{-4}	3.03×10^{-1}	3.03×10^{-1}

7.1 導電率, 誘電率と絶縁破壊

つぎに理想的な複合材ユニットの誘電率 ε について考察する。図7.1に示すように複合材ユニット上下の等電位面を電極と考える。電極間間隔は a, 電極面積は厚さを1として $a \times 1 = a$ である。面積 S, 電極間距離 L のコンデンサに誘電率 ε の材料が挿入されている場合の電気容量 C は次式で表される。

$$C = \varepsilon \frac{S}{L} \tag{7.13}$$

図7.1に示すように繊維が電極間方位にある場合, 繊維と母材がそれぞれ別のコンデンサを作り, 並列コンデンサとなる。繊維の誘電率を ε_f, 母材の誘電率を ε_m とすると, それぞれのコンデンサ容量 C_f, C_m は次式で表される。

$$C_f = \varepsilon_f \frac{a V_f}{a} = \varepsilon_f V_f \tag{7.14}$$

$$C_m = \varepsilon_m \frac{a(1 - V_f)}{a} = \varepsilon_m (1 - V_f) \tag{7.15}$$

繊維方位ユニット複合材の並列コンデンサ電気容量 C_{LC} は次式で表される。

$$C_{LC} = C_f + C_m \tag{7.16}$$

式 (7.13) から, 繊維方位ユニット複合材の電気容量 C_{LC} に電極間隔 a を掛けて電極面積 a で除すると誘電率となる。つまり, コンデンサの幅と長さを等しく, 厚さを1と仮定したことで電気容量 C_{LC} は繊維方位ユニット複合材の誘電率 ε_{LC} であるとみなせる。このことから, ε_{LC} は次式で求められる。

$$\varepsilon_{LC} = \varepsilon_f V_f + \varepsilon_m (1 - V_f) \tag{7.17}$$

図7.2に示す繊維直交方位のユニット複合材料の電気容量 C_{TC} を考える。平板に平行方向には均質であるから, 平行平板間の平板に平行方位には各場所で電位は等しい。つまり, 繊維と母材の界面で仮想的に等電位面を設定し, コンデンサの直列接続とみなしてもよい。この場合の繊維と母材のコンデンサの電気容量は次式で表される。

$$C_f = \varepsilon_f \frac{a}{a V_f} = \frac{\varepsilon_f}{V_f} \tag{7.18}$$

$$C_m = \varepsilon_m \frac{a}{a(1 - V_f)} = \frac{\varepsilon_m}{(1 - V_f)} \tag{7.19}$$

直列コンデンサから，C_{TC} が次式で求められる。

$$\frac{1}{C_{TC}} = \frac{1}{C_f} + \frac{1}{C_m} \tag{7.20}$$

繊維直交方位のユニット複合材において電極面積と電極間隔が等しいことから $C_{TC} = \varepsilon_{TC}$ である。ε_{TC} の複合則である次式が得られる。

$$\frac{1}{\varepsilon_{TC}} = \frac{V_f}{\varepsilon_f} + \frac{1-V_f}{\varepsilon_m} \tag{7.21}$$

実際の CFRP の場合，繊維方位と繊維直交方位で異方性があるが，どの方位にも導電性材料である。このため，CFRP の誘電率は計算できない。ガラス繊維強化プラスチック（GFRP）ではガラスもプラスチックも誘電材料であるので上記の近似で誘電率の概略値を知ることができる。複合材料に使用される誘電材料の比誘電率を**表**7.2 に示す。

表7.2 複合材料に使用される材料の比誘電率

材 料	比誘電率
エポキシ	3.3～3.4
不飽和ポリエステル	4.1～5.9
フェノール	4.5～5.0
ポリイミド	3.5
ポリプロピレン	2.0～2.5
ポリエチレン	2.3
ガラス繊維	3.7

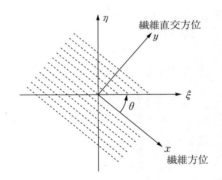

図7.3 斜交方位の定義

ガラス繊維複合材料は電気絶縁性がよいために電気電子機器の絶縁材として利用される。ガラス繊維強化ポリエステルの一般的な耐電圧特性は 19～22 kV/mm である。

図7.3 に示すように，繊維方位や直交方位と θ だけ傾いた方位に電流が流れる場合，その方位の導電率は繊維方位の導電率 σ_0 と繊維直交方位の導電率 σ_{90} を用いて次式で表される[3]。

$$\begin{Bmatrix} i_\xi \\ i_\eta \end{Bmatrix} = \begin{bmatrix} \sigma_0 \cos^2\theta + \sigma_{90} \sin^2\theta & -(\sigma_0 - \sigma_{90}) \sin\theta \cos\theta \\ -(\sigma_0 - \sigma_{90}) \sin\theta \cos\theta & \sigma_{90} \cos^2\theta + \sigma_0 \sin^2\theta \end{bmatrix} \begin{Bmatrix} \dfrac{\partial \phi}{\partial \xi} \\ \dfrac{\partial \phi}{\partial \eta} \end{Bmatrix} \quad (7.22)$$

ここで，ϕは電位であり，式(7.22)は，ξ方位の電流密度i_ξがξ方位の電位差($\partial\phi/\partial\xi$)だけでなく，直交方位の電位差($\partial\phi/\partial\eta$)にも依存し，カップリングが存在していることを意味している．

図7.4に繊維方位のCFRPの**インピーダンスの周波数依存性**を示す．CFRPはMHzオーダーまでは周波数に依存しないで位相角が0となる．つまり，異方性の導電性材料として取り扱うことができる．

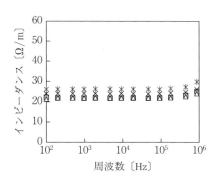

図7.4 繊維方位のインピーダンスの周波数依存性

CFRPの電気抵抗は損傷発生のほかに，温度[4]，吸湿[5]，負荷ひずみ[6]，塑性ひずみ[7],[8]によって変化する．このため，雷電流などの大電流負荷時には温度上昇による抵抗変化が含まれる．また，金属材料と異なり，電流を負荷する電極が繊維によく電気的に接着していないと，想定外の方位に電流が流れてしまう．高い電流を負荷する場合には，樹脂が過熱されて炭化することで導電率が変化することがある．

図7.5に示すE_xの方位に均一な電界が生じている場合，その**表皮効果**は次式で表される[9]．

$$\delta = \sqrt{\frac{2}{\mu_0 \sigma_0 \omega}} \tag{7.23}$$

ここで，μ_0 は真空の透磁率，σ_0 は繊維方位の導電率，ω は角周波数である．

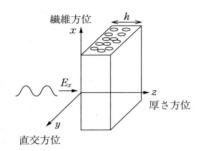

図 7.5　繊維方位の電界変動

7.2　比熱，熱伝導率と線膨張係数

比熱とは 1 kg の物質が均一な温度で 1℃ 上昇するために必要な熱量である．このため，複合材料の異方性は無関係で，構成材料の質量比と比熱から計算される．繊維の質量比と比熱を m_f，C_f，樹脂の質量比と比熱を m_m，C_m とするとき，複合材料の比熱 C_c は次式で計算される．

$$C_c = m_f C_f + m_m C_m \tag{7.24}$$

各種材料の比熱を**表 7.3** に示す．

熱伝導率は電気伝導率とまったく同じ方法で計算することができる．異方性が存在するが，電気伝導率に比較すれば異方性は小さい．主要な複合材料の熱

表 7.3　複合材料の構成材料の比熱

材　料	比熱〔J/kg·K〕
エポキシ	1 400
フェノール	2 000
PEEK	1 340
炭素繊維	710
ガラス繊維	840
ケブラー繊維	1 220

7.2 比熱, 熱伝導率と線膨張係数

表7.4 複合材料の熱伝導率 [W/m·K]

材　料	λ_L	λ_T	備考
T300/エポキシ[10]	3	0.59	PAN
M50J/エポキシ[10]	38	1.1	PAN
K13/エポキシ[10]	186	1	ピッチ
アラミド/エポキシ[11]	1.73	0.173	
Sガラス/エポキシ[11]	3.46	0.35	
ボロン/エポキシ[11]	1.73	1.04	
ガラス/エポキシ[12]	0.47		SMC

伝導率を**表7.4**に示す。繊維方位の熱伝導 λ_L, 直交方向への熱伝導 λ_T は次式で表される。

$$\lambda_L = \lambda_f V_f + (1 - V_f)\lambda_m \tag{7.25}$$

$$\frac{1}{\lambda_T} = \frac{V_f}{\lambda_f} + \frac{1-V_f}{\lambda_m} \tag{7.26}$$

ただし, 直交方向に関しては次式が用いられる[13]。

$$\lambda_T = \lambda_m \frac{(1-V_f)\lambda_m + \lambda_{Tf}(1+V_f)}{\lambda_m(1+V_f) + (1-V_f)\lambda_{Tf}} \tag{7.27}$$

ここで, λ_{Tf} は繊維直交方位の熱伝導率である。また繊維方位と θ をなす方位への熱伝導も導電率の場合と同じで, 式 (7.22) となる。電位の代わりに温度を用い, 電流密度の代わりに熱流束を用い, 導電率の代わりに熱伝導率を用いる。

線膨張係数は繊維と樹脂の線膨張係数のほかに弾性係数も関与してくるので, 単純な複合則ではない。図7.1に示す繊維方位の場合を考える。繊維と樹脂がたがいに接合されていない状態で, ΔT だけ温度変化が生じたとき, 繊維と樹脂の伸び λ_f と λ_m は次式で計算できる。

$$\lambda_f = \alpha_f \Delta T a, \qquad \lambda_m = \alpha_m \Delta T a \tag{7.28}$$

ただし, α_f は繊維の線膨張係数, α_m は樹脂の線膨張係数, a は図7.1の複合材ユニットの長さである。

繊維と樹脂が接合されている場合, 繊維と樹脂の変位は等しくなる。このた

めには繊維に荷重 P_f を負荷し，樹脂に荷重 P_m を負荷して温度変化による変位の差異を打ち消す必要がある．外力は存在しないので，荷重はたがいにつり合う残留応力である．式で表すとつぎのようになる．

$$P_f + P_m = 0 \tag{7.29}$$

荷重による繊維の変位 λ'_f，樹脂の変位 λ'_m は次式となる．

$$\lambda'_f = \frac{P_f a}{A_f E_f}, \qquad \lambda'_m = \frac{P_m a}{A_m E_m} \tag{7.30}$$

ここで，A_f，A_m は繊維と樹脂の断面積であり，厚さ1とすると複合材ユニットの幅 a を用いて，それぞれ aV_f，$a(1-V_f)$ となる．繊維と樹脂が接合されている場合には，繊維と樹脂の変位は等しいことから次式を得る．

$$\lambda_c = \lambda_f + \lambda'_f = \lambda_m + \lambda'_m \tag{7.31}$$

以上から，P_f を求めて λ_c を求め，$\alpha_c = \lambda_c/(a\Delta T)$ から複合材料の線膨張係数を求めると次式となる．

$$\alpha_c = \frac{\alpha_f V_f E_f + (1-V_f)\alpha_m E_m}{V_f E_f + (1-V_f) E_m} \tag{7.32}$$

$E_f \gg E_m$ の場合には，$\alpha_c = \alpha_f$ となる．

図7.2のように繊維直交方位の場合，繊維の伸び λ_f と樹脂の伸び λ_m は次式となる．

$$\lambda_f = \alpha_f V_f a, \qquad \lambda_m = \alpha_m (1-V_m) a \tag{7.33}$$

複合材料の伸び λ_c は λ_f と λ_m の和であるので，線膨張係数は次式となる．

$$\alpha_c = \frac{\lambda_c}{\Delta T a} = \frac{\lambda_f + \lambda_m}{\Delta T a} = \alpha_f V_f + (1-V_f)\alpha_m \tag{7.34}$$

繊維直交方向の**線膨張係数**は単純な複合則となる．ただし，横方向のポアソン比（繊維 ν_f，樹脂 ν_m）まで考慮した場合には次式となる[14]．

$$\begin{aligned} \alpha_T = &(1+\nu_m)(1-V_f)\alpha_m + (1+\nu_f)V_f\alpha_f \\ &- \alpha_L\{V_f\nu_f + (1-V_f)\nu_m\} \end{aligned} \tag{7.35}$$

さまざまな複合材料の線膨張係数を**表7.5**に示す．

繊維方位と θ だけ傾斜した ξ-η 座標系（図7.3参照）の線膨張係数を求める

表 7.5 複合材の線膨張係数 〔$\times 10^{-6} \mathrm{K}^{-1}$〕

材 料	α_L	α_T
T300/エポキシ[10]	0.4	50
M40/エポキシ[10]	0	33.7
K13/エポキシ[10]	−0.69	
E ガラス/エポキシ[10]	4	
S ガラス/エポキシ[11]	6.3	19.8
アラミド/エポキシ[11]	−3.6	54
ガラス/エポキシ（SMS）[10]	3.6	

には，導電率の計算と類似の計算が必要である[15]。このため，ξ-η 座標系では温度変化による熱膨張でせん断変形が生じる。結果は次式のようになる。

$$\begin{Bmatrix} \varepsilon_x^T \\ \varepsilon_y^T \\ \gamma_{xy}^T \end{Bmatrix} = \begin{Bmatrix} \varepsilon_1^T \cos^2\theta + \varepsilon_2^T \sin^2\theta \\ \varepsilon_1^T \sin^2\theta + \varepsilon_2^T \cos^2\theta \\ 2\varepsilon_1^T \cos\theta\sin\theta - 2\varepsilon_2^T \cos\theta\sin\theta \end{Bmatrix} = \begin{Bmatrix} (\alpha_1 \cos^2\theta + \alpha_2 \sin^2\theta)\Delta T \\ (\alpha_1 \sin^2\theta + \alpha_2 \cos^2\theta)\Delta T \\ 2(\alpha_1 - \alpha_2)\cos\theta\sin\theta\Delta T \end{Bmatrix}$$
(7.36)

7.3 密度，融点と振動減衰

複合材料の母材と繊維は化学反応をしないので，ボイドがない場合の複合材料の密度 ρ_c は次式の複合則で簡単に計算できる。

$$\rho_c = \rho_f V_f + \rho_m (1 - V_f) \tag{7.37}$$

ガラス繊維，炭素繊維に比較して母材の樹脂の融点は低い。このため，複合材料の融点は母材の融点である。代表的な樹脂の**ガラス転移点温度** T_g と融点（使用可能温度）を**表7.6**に示す。

振動減衰能力を表す指標である**対数減衰率** δ は次式で定義される。

$$\delta = \log_e \left(\frac{A_i}{A_{i+2}} \right) = \frac{2\pi\zeta}{\sqrt{1-\zeta^2}} \tag{7.38}$$

ただし，A_i, A_{i+2} は**図7.6**に示す振幅である。ζ は**損失係数**であり，次式のと

表7.6 母材樹脂のガラス転移温度と融点[16]【出典:P. K. Mallick:Fiber Reinforced Composites:Materials, Manufacturing, and Design, third edition (Mechanical Engineering), CRC Press (2007)】

材　料	T_g〔℃〕	使用可能温度〔℃〕
エポキシ	180	125
ビスマレイミド	290	232
ポリイミド	320	280
PEEK	143	250
ポリスルフォン	185	160
ポリアミドイミド	280	230

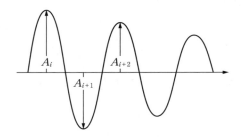

図7.6　減衰振動の振幅

おりダンパ係数 C と限界ダンパ係数 C_c の比である。

$$\zeta = \frac{C}{C_c}, \qquad C_c = 2\sqrt{km} \tag{7.39}$$

ここで，k は振動系のばね定数，m は質量である。

一方向 CFRP では，繊維方位の振動に対して $\delta_L = 1.03\%$，直交方向の振動に対して $\delta_T = 6.28\%$，せん断に対して $\delta_{LT} = 9.28\%$ が報告されている[17]。

7.4　屈　折　率

長繊維を複合させる複合材料では，繊維と母材の屈折率を同じに設定する以外に透明な材料を作ることは難しい。界面で光が反射して散乱するためであ

る。ナノサイズの粒子を分散させる方法や高分子どうしの混合によって屈折率を変えることが可能である。2種類の高分子液体を混合させる場合の屈折率の複合則としてつぎの4種類が知られている[18]。

- Lorenz-Lorenz の式：

$$\frac{n_{12}^2-1}{n_{12}^2+1} = V_1 \frac{n_1^2-1}{n_1^2+1} + V_2 \frac{n_2^2-1}{n_2^2+1} \tag{7.40}$$

ここで，n_{12} は混合液の屈折率，n_1 は溶液1の屈折率，n_2 は溶液2の屈折率，V_1 は溶液1の体積含有率，V_2 は溶液2の体積含有率である。

- Weiner の式：

$$\frac{n_{12}^2-n_1^2}{n_{12}^2+2n_1^2} = V_2 \frac{n_2^2-n_1^2}{n_2^2+2n_1^2} \tag{7.41}$$

- Heller の式：

$$\frac{n_{12}-n_1}{n_1} = \frac{3}{2} V_2 \frac{\left(\frac{n_2}{n_1}\right)^2-1}{\left(\frac{n_2}{n_1}\right)^2+2} \tag{7.42}$$

- Gladstone-Dale の式：

$$\frac{n_{12}-1}{\rho_{12}} = \frac{n_1-1}{\rho_1} W_1 \frac{n_2-1}{\rho_2} W_2 \tag{7.43}$$

ここで，ρ は密度，W は質量含有率である。さまざまな材料の屈折率を**表7.7**に示す。

表7.7 屈折率

材料	屈折率
ポリプロピレン	1.48
アクリル樹脂	1.49 〜 1.53
ポリメタクリル酸メチル樹脂	1.50 〜 1.76
エポキシ	1.55 〜 1.61
フェノール樹脂	1.58 〜 1.66
ポリカーボネート	1.59
ポリエステル樹脂	1.60
ガラス	1.51
シリコン	3.417 9

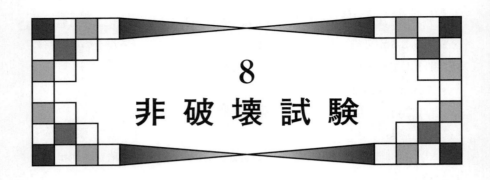

8 非破壊試験

8.1 はじめに

機械/構造物に使用されている部材と部品に設計者が想定していない不連続部があると応力集中を起こし，通常の運転状態であっても破壊して機械や構造物全体に大きな影響を及ぼす可能性がある。このような有害な不連続部を欠陥といい，部材/部品を壊さずに欠陥の有無・存在位置・大きさ・形状・分布状態などを調べることを**非破壊試験**（nondestructive testing，**NDT**），非破壊試験の結果を規格等に従って合否を判定する方法を**非破壊検査**（nondestructive inspection，**NDI**）という。非破壊試験は工業分野に限らず，医療分野，食品分野でも行われているが，ここでは工業分野におけるFRP製部材/部品の非破壊試験について概説する。

8.2 代表的な非破壊試験

8.2.1 目視試験

試験体の表面性状（形状，色，粗さ，欠陥の有無など）を肉眼で直接，もしくはファイバースコープ等の補助機器を用いて間接的に観察し，欠陥を検出する試験法である。米国では，FRPと金属ライナから成る宇宙用複合圧力容器について，衝撃損傷を目視試験で検出するためのガイドライン[1]が整備され，検査員のトレーニングも行われている。

8.2.2 放射線透過試験

放射線（X 線，γ 線など）は物質を透過する性質があるが，材料中に空隙等の体積を持った欠陥が存在すると，この部分を透過する放射線の強さが周辺の健全部よりも強くなる。この放射線の強さの変化をフィルムまたはイメージングプレート等で画像化することにより材料内部の欠陥を検出できる。体積が小さいはく離のような欠陥は一般に検出するのは難しい。最近では工業用マイクロフォーカス X 線 CT 装置の性能が向上し[2]，FRP 製部品のコンピュータ断層撮影が可能となった。観察条件によっては繊維配向や繊維うねりも観察できるようになったが，検査対象物の寸法に制限があることから，大型構造物への適用等には課題が残されている。

8.2.3 超音波探傷試験

20 kHz を超える周波数の音波を超音波という。超音波は非破壊試験に広く利用されており，一般には数 MHz から数十 MHz の超音波が使用されている。超音波は指向性が強く，材料に入射するとほとんど広がらずに直進するが，欠陥が存在すると反射したり回折したりする。超音波探傷試験では，例えば**図 8.1（a）**のように探傷面上に設置した超音波探触子で，超音波を送受信する（パルスエコー法）。欠陥で反射/回折して戻ってきたエコー（きずエコー）の有無を観察することによって欠陥を検出し，また，きずエコーが帰ってきた時間情報から欠陥深さを推定する（図（b））。超音波探傷試験はさまざまな FRP 製の部材/部品に対して適用されているが，エコーの有無だけではなく，超音

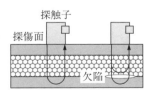
（a）超音波探傷試験の原理

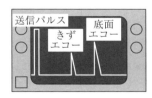
（b）B スキャン画像の例

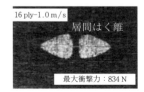
（c）C スキャン画像

図 8.1 超音波探傷試験[3]【出典：Y. Mizutani et al.：J. of Solid Mech. and Mate., **2**, 12, pp. 1547-1554（2008）】

波のエネルギー変化，速度変化を利用することもあり，また，超音波領域以下の低周波の音波を使用した検査が行われることもある。探傷の際には超音波探触子を探傷面上で走査するが，その際に探触子の位置を記録しながら探傷することで，Cスキャン画像（平面画像），Bスキャン画像（断面画像）を構築することもできる。図（c）は試験片中央に衝撃を付与したクロスプライ CFRP のCスキャン画像であるが，Cスキャン画像からはく離の発生位置，形状，大きさがわかる。なお，Bスキャン画像を観察すれば，はく離が発生している深さ位置の情報がわかる。

通常の超音波探傷試験では，探触子と試験対象の間に接触媒質（水，グリース等）を塗布したり，試験対象を水に浸したりして探傷をする必要があり，試験に時間を要するとともに，試験対象の寸法が制限されることもある。広範囲を短時間で検査する手法が求められており，接触媒質を要しない空中超音波法，レーザ超音波法の適用が試みられている。また，複数の小さな圧電素子をアレイ状に組み込んだ超音波アレイプローブを用いるフェーズドアレイ法の適用が高まっており，航空機の FRP 構造の検査に特化した機器も開発されている。ハニカム構造におけるスキン材とコア材のはく離（ディボンディング）の検査には，**図** 8.2 に示すボンドテスターが用いられている。送信子から送信した音波の伝播経路はコア材とスキン材の接着状態により変わり，受信子で受信する音波のエネルギーも接着状態により変化することから，これを利用して検査する。また現場では，より簡単な方法である打音試験（コインタッピング）も行われている。

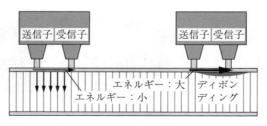

図 8.2 ボンドテスターの原理（ピッチキャッチ法）

8.2.4 アコースティックエミッション試験

検査対象物に欠陥が内在する状態で荷重,もしくは圧力を作用させると,欠陥が進展したり,欠陥内部で擦れが生じたりして微弱で超音波領域の弾性波(**アコースティックエミッション**(acoustic emission,**AE**))が発生する。この弾性波を高感度のAEセンサで検出することで,欠陥検出を行う。健全なFRP容器では,過去に与えた最大圧力を超えない限りAEはほとんど発生しない(カイザー効果)。一方,FRP内部に欠陥があると,過去に加えた最大圧力に至る前にAEが観測される(フェリシティ効果)ため,その度合い(**図8.3**中のσ_{AE}/σ_{pre})を用いてFRP容器の健全性を評価することが行われている。

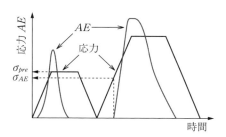

図8.3 耐圧試験時のAE挙動

8.2.5 赤外線サーモグラフィ試験

赤外線サーモグラフィ試験は検査対象物表面の温度を測定することで,材料内部の欠陥を検出する方法である。試験には,自然発生的に生じる温度差を測る方法(パッシブ赤外線サーモグラフィ法)と,強力なフラッシュランプもしくはヒータ等で計測対象に熱負荷を与える方法(アクティブ赤外線サーモグラフィ法)がある。サーモグラフィ試験の適用例として例えば,航空機の昇降舵(エレベーター)のハニカムコアへの水の浸入確認がある。この試験では,水が浸入していると上空で凍り,着陸直後に浸入部の温度が健全部と比較して変化することを利用している[4]。

8.3 検出対象となる欠陥と非破壊試験の適用例[4)~7)]

非破壊試験にはさまざまな種類が存在するが，検出しようとする対象によって適切な方法を選択する必要がある。これは，人の病気の種類によって検査法を使い分けることと同じである。したがって，非破壊試験を適用しようとするFRP製部材／部品に対して，発生し得る欠陥の種類をあらかじめ知っておく必要がある。FRP製部材／部品はハニカム構造であったり，接着して作られることもあることから，不連続部以外にも考慮すべき欠陥がある。ここでは，製造時と供用時に分けて，発生し得る欠陥について述べる。

8.3.1 製造時に発生し得る欠陥

FRPの力学的特性は金属材料と比較して，製造時の環境・工程等によりばらつくため，製造メーカは素材管理，工程管理，製品検査によってFRP製部材／部品の品質を保証している。製造時に発生し得る欠陥にはマトリックスの硬化不良，ポロシティ，樹脂過多・過少，繊維配向のずれ・間違い，繊維うねり，異物混入，層間はく離，接着部における kissing bond などがあり，これらを非破壊試験で検出する必要がある。例えば，引用・参考文献8）には，CFRP製水平尾翼のポロシティを超音波探傷試験で検査した事例が掲載されている。

8.3.2 供用中に発生し得る欠陥

FRP製部材／部品には供用中に静荷重，繰返し荷重，雹／鳥／小石などの衝突，落雷，熱負荷，水分の浸入，薬品，紫外線などにより，欠陥が発生する可能性がある。供用中に発生し得る欠陥には，樹脂割れ，層間はく離，ディボンディング（スキン／コアはく離），繊維破断，樹脂の劣化，ハニカムコアの変形などがある。

8.3.3 適　用　例

表8.1は引用・参考文献4）をベースに，他の文献情報[5)～7)]と合わせて航空機に使用されているFRP製部材/部品の非破壊試験の方法をまとめた例である。欠陥の種類と対象構造ごとに適切な試験方法が選択されていることがわかる。なお，引用・参考文献の5)～7)にはよく細かく欠陥の種類ごとに試験方法の適用例が示されているので参照されたい。

表8.1　航空機におけるFRP製部材/部品の試験方法の例

試験方法	対象構造	欠陥の種類
目視試験	構造：複合材全般 部位：機体全般	デント，スクラッチ，エロージョン，熱損
超音波探傷試験	構造：積層板，サンドイッチ構造 部位：翼，胴体等の主構造	はく離，ポロシティ，異物混入
ボンドテスターによる試験	構造：サンドイッチ構造 部位：翼等	ディボンディング
打音試験	構造：サンドイッチ構造（表層） 部位：動翼，フェアリング	はく離
放射線透過試験	構造：サンドイッチ構造 部位：動翼，フェアリング	水の浸入，ハニカムコアの変形
赤外線サーモグラフィ試験	構造：サンドイッチ構造（積層板） 部位：動翼，フェアリング等	はく離，異物混入，水の浸入

8.4　将来への課題と展望

FRP製の部材/部品に対する非破壊試験規格は，特に米国で急速に整備が進んでいるものの，従来の金属製の部材/部品と比較すると十分とはいえない。さらに，欠陥が検出された場合の構造の健全性を評価するための規格，補修/取替えをするための規格もより高度化する必要がある。また，FRP製の部材/部品で発生し得る損傷モードのうち，現状の検査技術が現場で容易に使用できるレベルに至っていないものもある。例えば，kissing bond, 繊維破断，繊維うねりが該当し，これらの欠陥に対して現場で使用可能な試験法を早急に確立する必要がある。非破壊試験を実施する際には，適用する試験法以外に検査時

期と程度が重要である。これまでは飛行時間，経年年数をベースに非破壊試験の間隔と程度が決められていたが，構造に光ファイバーを埋め込んだり，構造の表面に電極を貼付したりして，ひずみや電気抵抗変化を常時計測できるヘルスモニタリング法の開発も進んできている。計測結果を利用すれば構造の状態を判定できるので，これをベースとして非破壊試験の優先度を決定でき，より安全に，より効率よくFRP製の部材/部品が使用できると考えられる。

引用・参考文献

2章

1) A German Electrician's Invention — Discoveries in the Formation of Carbon, The New York Times, April 30 (1882)
2) Canadian Patent #3738 (1874)
3) U. S. Patent 181613
4) British Patent 4933
5) W. F. Abbott : Method for Carbonizing Fibers, U. S. Patent 3053775, Filed Nov. 12, 1959, Sep. 11 (1962)
6) R. B. Seymour, G. S. Kirshenbaum (ed) : High Performance Polymers : Their Origin and Development, Proceedings of the Symposium on the History of High Performance Polymers at the American Chemical Society Meeting held in New York, April, pp. 15-18 (1986)
7) 進藤昭男:アクリルニトリル合成高分子物より炭素製品を製造する方法,特公昭37-4405, 1959年9月7日出願・1962年6月13日公告
8) 大谷杉郎:溶融状焼成物から炭素繊維を製造する方法,特公昭41-15728, 1963年11月1日出願・1966年9月5日公告
9) S. Otani : Production of Carbon Filaments from Low-Priced Pitches, U. S. Patent 3629379, Filed Nov. 6, 1969, Dec. 21 (1971)
10) 木村 真:リグニンを原料とした炭素繊維並びにその紙およびパルプ工業への応用,紙パ技協誌, **25**, 11, pp. 550-555 (1971)
11) T. V. Hughes and C. R. Chambers : Manufacture of Carbon Filaments, U. S. Patent No. 405480, Patented June 18 (1889)
12) R. Iley and H. L. Riley : J. Chem. Soc., p. 1362 (1948)
13) Радушкевич, Л. В. О Структуре Углерода, Образующегося При Термическом Разложении Окиси Углерода На Железном Контакте. Журнал Физической Химии **26**, pp. 88-95 (1952)
14) W. R. Davis, R. J. Slawson and G. R. Rigby : An Unusual Form of Carbon, Nature, **171**, April 25, p. 756 (1953)
15) R. T. K. Baker, M. A. Barber, P. S. Harris, F. S. Feates and R. J. Waite : Nucleation and Growth of Carbon Deposits from the Nickel Catalyzed Decomposition of Acetylene, Journal of Catalysis, **26**, pp. 51-62 (1972)

16) A. Oberlin, M. Endo and T. Koyama : Filamentous Growth of Carbon through Benzene Decomposition, Journal of Crystal Growth, **32**, pp. 335-349 (1976)
17) J. Abrahamson, P. G. Wiles and B. L. Rhoades : Structure of Carbon Fibres Found on Carbon Arc Anodes, Paper presented at the 14th Biennial Conference on Carbon, June, 25-29, The Pennsylvania State University, pp. 254-255 of the extended abstract and program (1979)- in the journal paper format, Carbon, **37**, pp. 1873-1874 (1999)
18) H. G. Tennent : Carbon Fibrils, Method for Producing Same and Compositions Containing Same, U. S. Patent No. 4663230, Filed Dec. 6, 1984, May 5 (1987)
19) S. Iijima : Helical Microtubules of Graphitic Carbon, Nature, **354**, 7 (1991)
20) M. Endo, K. Takeuchi, S. Igarashi, K. Kobori, M. Shiraishi and H. W. Kroto : The Production and Structure of Pyrolytic Carbon Nanotubes (PCNTs), J. Phys. Chem. Solids, **54**, 12, pp. 1841-1848 (1993)
21) M. Endo, K. Takeuchi, K. Kobori, K. Takahashi, H. W. Kroto and A. Sarkar : Pyrolytic Carbon Nanotubes from Vapor-Grown Carbon Fibers, Carbon, **33**, 7, pp. 873-881 (1995)
22) T. Takahagi, I. Shimada, M. Fukuhara, M. Morita and A. Ishitani : Ext. Abst. Int. Sym. on Carbon, Paper 3A13, Carbon Soc. Japan, Toyohashi (1982)
23) 持田　勲，酒井幸男，藤山　進，小松　眞：芳香族炭化水素を原料とするメソフェーズピッチ製造法の開発，日本化学会誌，No. 1, pp. 1-10 (1997)
24) 東レ株式会社：炭素繊維と地球環境 http://www.torayca.com/aboutus/abo_003.html, retreaved on June 10 (2015)
25) 福田　博，邉　吾一，末益博志 監修：新版 複合材料・技術総覧，産業技術サービスセンター，pp. 439-444 (2011)
26) 南条尚志：FRP 構成材料入門 第2章 構成材料と種類 — ガラス繊維，日本複合材料学会誌，**33**, 4, pp. 141-149 (2007)
27) 日本複合材料学会 編：複合材料活用辞典，日本複合材料学会，pp. 331-335 (2002)
28) 中村幸一：強化材ガラス繊維，強化プラスチックス，**60**, 9, pp. 361-368 (2014)
29) 髙木　均：グリーンコンポジット — 循環型社会の実現に不可欠なバイオマス材料，日本機械学会誌，**10**, 1059, p.140 (2007)
30) 合田公一：FRP 構成素材入門 第2章 構成材料と種類 — 天然繊維，日本複合材料学会誌，**33**, 5, pp. 196-201 (2007)
31) 末益博志：入門複合材料の力学，培風館，pp. 44-46 (2009)

32) 滝山栄一：ポリエステル樹脂ハンドブック，日刊工業新聞社（1988）
33) 新保正樹：エポキシ樹脂ハンドブック，日刊工業新聞社（1987）
34) 滝山栄一：ポリエステル樹脂ハンドブック，日刊工業新聞社（1988）
35) 新保正樹：エポキシ樹脂ハンドブック，日刊工業新聞社（1987）
36) 強化プラスチック協会：強化プラスチックハンドブック 改訂版（1975）
37) 日油株式会社：技術資料
38) 化薬アクゾ株式会社：技術資料

3章

1) 森本尚夫：FRP成形の実際，高分子刊行会（1984）
2) 強化プラスチック協会：強化プラスチック成形材料（1989）
3) 強化プラスチック協会：FRP構造設計便覧（1994）
4) 強化プラスチック協会：FRPポケットブック（1997）
5) 強化プラスチック協会：FRP成形技能テキスト（新版）（1997）
6) 森本尚夫：プラスチック系先端複合材料，高分子刊行会（1998）
7) 強化プラスチック協会：だれでも使えるFRP ― FRP入門（2002）
8) 小柳卓治：強化プラスチックス，**59**，3，p.27（2013）
9) 織田政信：強化プラスチックス，**51**，11，p.510（2005）
10) 福田 博，邉 吾一，末益博志 監修：新版 複合材料・技術総覧，産業技術サービスセンター，p.316（2011）
11) 福井ファイバーテック株式会社：資料
12) 福田 博，邉 吾一，末益博志 監修：新版 複合材料・技術総覧，産業技術サービスセンター，p.344（2011）
13) 野中里美：強化プラスチックス，**40**，11，p.24（1994）
14) 強化プラスチック協会：FRP 50年の歩み（2005）
15) 日刊工業新聞社：フィラメントワインディング（1970）
16) 強化プラスチック協会：プラントと耐食FRP（1994）
17) 下左近峻志，岩谷俊治，田村進一，西野義則：遠心成形法によるGPI規格FRP高圧管，日本複合材料会議JCCM-5，3A-17（2014）
18) 山本昌彦，西野義則：強化プラスチックス，**26**，12，p.38（1980）
19) 小柳卓治：工業材料，**41**，14，p.66（1993）
20) 中井邦彦：強化プラスチックス，**57**，8，p.270（2011）
21) 田中和人，小橋則夫，木下陽平，片山傳生，宇野和孝：材料，**58**，7，pp.642-648（2009）
22) A. Carlsson and B. T. Åström：Composites Part A：Applied Science and

Manufacturing, **29**, 5-6, pp. 585-593（1998）

4章
1) 材料力学の教科書としては例えば，小林英男，轟　章：固体の弾塑性力学 — 基礎から複合材料への展開，数理工学社（2007）
2) P. K. Mallick：Fiber Reinforced Composites：Materials, Manufacturing, and Design, CRC Press（2007）

5章
1) JIS K 7165 プラスチック — 引張特性の求め方 第5部：一方向繊維強化プラスチック複合材料の試験条件（2008）
2) 小林英男 編著：破壊事故 — 失敗知識の活用，p. 53，共立出版（2007）
3) C. Qian et al.：Tensile fatigue behavior of single fibres and fibre bundles, 14th European conference on composite materials, 7-10 June 2010, Hungary
4) D. Samborsky, J. Mandell：DOE／MSU Composite material fatigue database, version 19. 0, Montana State University, March 31（2010）
5) JAXA：先進複合材料力学特性データベース
   http://www.jaxa-acdb.com
6) 西田新一：フラクトグラフィーと破面解析写真集，総合技術センター（1998）
7) J. Awerbuch and H. T. Hahn：Journal of Composite Materials, **10**, 3, pp. 231-257（1976）
8) NASA Reference Publication 1092, Standard Tests for Toughened Resin Composites（1983）
9) ASTM D 7137, Test Method for Compressive Residual Strength Properties of Damaged Polymer Matrix Composite Plates（2005）
10) 日本複合材料学会 編：複合材料活用辞典，pp. 6-316（2001）
11) 福田　博，邉　吾一，末益博志 監修：新版 複合材料・技術総覧，産業技術サービスセンター，pp. 155-292（2011）
12) 日本複合材料学会 編：複合材料活用辞典，pp. 671-677（2001）
13) JIS K 7070「繊維強化プラスチックの耐薬品性試験方法」
14) 日本材料学会 編：機械材料学，p. 126，日本材料学会（1991）
15) 國尾　武：時間および温度に依存する粘弾性固体の力学的挙動 — 粘弾性に関する基礎事項，材料システム，**6**, p. 7（1987）
16) 金光　学：一方向 CFRP の力学挙動ならびに破断強度に及ぼすマトリックスの影響に関する研究，金沢工業大学博士学位論文（1984）
17) MIL-HDBK-17-1F Composite Materials Handbook（2002）

18) P. P. Camanho and F. L. Matthews：Composites, Part A, **28A**, pp. 529-547（1997）
19) H. S. Wang, C. L. Hung and F. K. Chang：Journal of Composite Materials, **30**, pp. 1284-1313（1996）
20) Y. Xiao and T. Ishikawa：Composites Science and Technology, **65**, pp. 1022-1031（2005）
21) G. Kelly and S. Hallström：Composites, Part B, **35**, pp. 331-343（2004）
22) 星　光，中野啓介，岩堀　豊，石川隆司，矢島　浩，福田　博：日本複合材料学会誌，**36**，6，pp. 237-245（2010）
23) 網島貞男，藤井　透，江畑織一，田中達也：日本複合材料学会誌，**13**，3，pp. 116-125（1987）
24) M. D. Banea and L. F. M. da Silva：Proceedings of the Institution of Mechanical Engineering Part L, Journal of Materials, Design and Applications, **223**, pp. 1-18（2009）
25) I. A. Ashcroft, M. M. Abdel Wahab, A. D. Crocombe, D. J. Hughes and S. J. Shaw：Composites, Part A, **32**, pp. 45-58（2001）
26) B. M. Parker：International Journal of Adhesion and Adhesives, **10**, 3, pp. 187-191（1990）
27) J. K. Kim, H. S. Kim and D. G. Lee：Journal of Adhesion Science and Technology, **17**, 3, pp. 329-352（2003）
28) K. C. Kairouz and F. L. Matthews：Composites, **24**, 6, pp. 475-484（1993）
29) K. S. Kim, J. S. Yoo, Y. M. Yi and C. G. Kim：Composite Structures, **72**, 4, pp. 447-485（2006）
30) 小田切信之，岸　肇，山下将樹：日本複合材料学会誌，**21**，4，pp. 152-154（1995）
31) K. Dransfield, C. Baillie, Y. -W. Mai：Compos. Sci. Technol., **50**, 3, pp. 305-317（1994）
32) T. Abe, K. Hayashi, T. Sato, S. Yamane and T. Hirokawa：Proc. 24th Int. Conf. SAMPE Europe, pp. 87-94（2003）
33) G. Becht and J. W. Gillespie, Jr：Compos. Sci. Technol., **31**, 2, pp. 143-157（1988）
34) S. L. Donaldson：Compos. Sci. Techno., **32**, 3, pp. 225-249（1988）
35) 原　栄一，横関智弘，八田博志，石川隆司：日本複合材料学会誌，**35**，6，pp. 248-255（2009）
36) 重盛　洸，細井厚志，藤田雄三，川田宏之：日本機械学会論文集 A 編，**80**，812，p. SMM0087（2014）

37) T. K. O'Brien：ASTM STP 775, pp. 140-167（1982）

6 章
1) M. C. Y. Niu：Airframe Structural Design, Technical Book Co.（1988）
2) A. Baker et al.：Composite materials for aircraft structures, AIAA, pp. 349-359（2004）
3) 林　毅 編：複合材料工学，pp. 840-843，日科技連（1971）
4) 福田　博，邉　吾一，末益博志 監修：新版 複合材料・技術総覧，産業技術サービスセンター，pp. 416-417（2011）
5) 倉西正嗣，仲　威雄，菅野　誠，平井　敦，吉識雅夫，林　毅：弾性安定要覧，コロナ社（1960）
6) S. P. Timoshenko and J. M. Gere：Theory of Elastic Stability, Mc Graw-Hill（1961）
7) 強化プラスチック協会：FRP 構造強度計算の実際（1984）
8) 強化プラスチック協会：FRP 構造設計便覧（1994）
9) Gibbs & Cox Inc.：MARIN DESIGN MANUAL for Fiberglass Reinforced Plastics, Mc Graw-Hill（1960）
10) 中井邦彦：強化プラスチックス，**60**，8，p. 336（2014）
11) 強化プラスチック協会：FRPS P002（規格番号），FW 強化熱硬化性樹脂圧力管用継手と接合方法（RTRPF）（1991）
12) 日本規格協会：JIS K 7014，繊維強化プラスチック管継手
13) O. C. Zienkiewicz, R. L. Taylor and J. Z. Zhu：The finite element method：Its Basis and fundamentals, Elsevier Butterworth-Heinemann（2005）
14) J. Fish and T. Belytschko：A first course in finite element, Wiley（2007）
15) K. J. Bathe：Finite element procedure, Prentice Hall（1995）
16) 日本機械学会：計算力学ハンドブック，I 有限要素法 構造編（1998）
17) 矢川元基，宮崎則幸：計算力学ハンドブック，朝倉書店（2007）
18) J. Fish：Practical multiscaling, Wiley（2013）
19) 寺田賢二郎，菊池　昇：均質化法入門，丸善（2003）
20) 岡部朋永：次世代航空機への挑戦 ― 航空機開発の最前線，第 85 回東北大学サイエンスカフェ（2012）

7 章
1) 平野義鎭，勝俣慎吾，岩堀　豊，轟　章：日本複合材料学会誌，**35**，4，p. 165（2009）
2) A. Todoroki, Y. Samejima, Y. Hirano, R. Matsuzaki and Y. Mizutani：J. of Solid Mechanics and Materials Engineering, JSME, **4**, 6, p. 658（2010）

3) 轟　章：日本航空宇宙学会論文集，**59**，692，p. 252（2011）
4) 轟　章，田中雄樹，島村佳伸：材料，**50**，5，p. 495（2001）
5) 島村佳伸，占部貴之，轟　章，小林英男：日本複合材料学会誌，**30**，5，p. 175（2004）
6) A. Todoroki, Y. Samejima, Y. Hirano and R. Matsuzaki：Composites Science and Technology, **69**, 11, p. 1841（2009）
7) A. Todoroki, Y. Samejima, Y. Hirano, R. Matsuzaki and Y. Mizutani：Journal of Solid Mechanics and Materials Engineering, JSME, **4**, 6, p. 658（2010）
8) 轟　章，春山大地，水谷義弘，鈴木良郎，安岡哲夫：日本機械学会論文集A編，**79**，803，p. 1009（2013）
9) 轟　章：日本複合材料学会誌，**39**，1，p. 10（2013）
10) N. L. Hancox and H. Wells：AERE-R7016（1972）
11) 福田　博：日本複合材料学会誌，**9**，12，p. 28（1983）
12) 日本複合材料学会：複合材料活用事典，産業調査会（2001）
13) Z. Hashin and A. Rotem：Glass Reinforced Epoxy Systems, 12, Materials Technologies, p. 129（1979）
14) R. W. Lewis and P. F. Brake：Polymeric Inst. of New York, Brookline（1977）
15) Z. Gürdal, R. T. Haftka and P. Hajela：Design and Optimization of Laminated Composite Materials, Willy Interscience（1999）
16) P. K. Mallick：Fiber Reinforced Composites：Materials, Manufacturing, and Design, third edition（Mechanical Engineering），CRC Press（2007）
17) 足立廣正，長谷川照夫：日本複合材料学会誌，**24**，6，p. 230（1998）
18) S. C. Bahatia., N. Tripathi and G. P. Dubey：Indian Journal of Chemistry, **41A**, p. 266（2002）

8章

1) J. B. Chang：Implementation Guidelines for ANSI/AIAA S-081, Space Systems Composite Overwrapped Pressure Vessels, pp. 1-83（2003）
2) 日本非破壊検査協会編，松嶋正道，山口泰弘，高橋雅和，山内竜也，青木卓哉，陣内さやか，小山　潔，星　光 ほか：特集 複合材料の各種非破壊評価法，非破壊検査，**60**，9，pp. 514-545（2011）
3) Y. Mizutani et al.：J. of Solid Mech. and Mate., **2**, 12, pp. 1547-1554（2008）
4) 日本非破壊検査協会 編，谷村康行，山下泰史，永田勝己，門間清秀，川合勝義，寺田博之：特集 航空機業界における非破壊検査，非破壊検査，**63**，9，pp. 57-84（2014）

5) H. T. Yolken et al. : NASA/CR-2009-215566, pp. 1-47（2009）
6) A. Kapadia：NDT of Comp. Mate., National Composites Network, pp. 1-48（2007）
7) 邉　吾一，石川隆司：先進複合材料工学，培風館，第13章，pp. 175-180（2005）
8) J. S. Tomblin, L. Salah, D.Hoffman and M. Miller：Teardown Evaluation of a decommisioned Boeing 737-200 Carbon Fiber-reinforced Plastic Composite Right-hand Horizontal Stabilizer, Technical Report of National Institute for Aviation Research, DOT/FAA/AR-12/1（2013）

強化プラスチック協会創立60周年記念出版のご案内

　協会創立60周年記念事業の一環として，本書に先行して「FRP 60年の歩み」と「FRP用途事例集（2015年版）」を発行しております。「FRP 60年の歩み」は，FRP産業発展の歴史ならびに最近の動向を70項目について紹介しているものです。「FRP用途事例集（2015年版）」は，FRP新製品・用途など各方面から情報提供頂き，合計130項目について，各項目1頁の写真入りで製品の材料，成形法，特徴等をわかりやすく記載したものです。おのおのCD版と製本版がありますが，CD版は電子ブック主体で構成されており，目次検索，キーワード検索等ができてたいへん便利です。

　強化プラスチック協会ホームページの定期刊行物・書籍紹介ページで目次もご覧頂けます。本ページからご注文頂けますので，是非ご注文下さい。なお，定価は（本体価格＋税）です。また，協会会員の皆様は定価の4割引きになります。

　　「FRP 60年の歩み」　　　　…　CD版，製本版ともに本体価格8,000円
　　「FRP用途事例集（2015年版）」…　CD版，製本版ともに本体価格8,000円

〈CD版〉　　〈製本版〉
「FRP 60年の歩み」

〈CD版〉　　〈製本版〉
「FRP用途事例集（2015年版）」

索引

あ行

アイゾット衝撃試験	110
アクティブ赤外線サーモグラフィ法	199
アコースティックエミッション	199
アングルプライ	91
アングルプライ積層板	101
安全率	168
飯島澄男	13
一体成形	154
異方性	100, 144
インピーダンスの周波数依存性	189
インフュージョン成形法	56
インモールドコーティング成形法	63
エジソン	11
エネルギー解放率	140
エポキシアクリレート樹脂	30
エポキシ樹脂	29
エンジニアリングプラスチック	31
炎症反応	19
遠心成形法	77
遠藤守信	13
応力振幅	107
応力の変換行列	92
大谷杉郎	12
オートクレーブ成形法	51

か行

加圧バッグ成形法	50
カイザー効果	199
界面破壊	136
界面割れ	106
重ね合わせ接合	44
重ね合わせ継手	155
加飾成形法	63
加速試験	116
殻構造	162
ガラス転移点温度	123, 193
ガラスフリット	33
ガラスフレーク	33
ガルバニック腐食	154
環化	15
環境	174
緩和弾性係数	123
機械的接合	154
きずエコー	197
基発第0331013号	19
吸樹脂量	34
急速加熱冷却成形法	82
吸油量	34
境界値問題	179
強化材	2
強化プラスチック複合管	72
凝集破壊	136, 159
切欠きラップせん断	139
切欠きレールシア	139
き裂開口変位	139
空中超音波法	198
屈折率	195
クリープ	120
クリープコンプライアンス	123
グリーンコンポジット	24
減圧樹脂含浸成形法	56
減圧(真空)バッグ成形法	49
限界値	169
減粘剤	36
コインタッピング	198
硬化剤	35
硬化発熱曲線	35
高強度	30
航空機	201
剛性	169
厚生労働省	19
構造設計	175
構造ヘルスモニタリング	183
黒鉛化	16
古典積層理論	94
コールドプレス成形法	60
混合モード曲げ	139
混繊糸	84
コンプライアンス行列	91

さ行

材料特性値	169
座屈	161
座屈荷重	162
酸化マグネシウム	33
紫外線吸収剤	36
時間-温度移動因子	125
時間-温度換算則	127
時間強度	107
紙管式	68
時間強さ	107
シートモールディングコンパウンド成形法	60
射出成形法	66
シャルピー衝撃試験	110
重合度	121
充填剤	32
衝撃後圧縮	112
衝撃の負荷	173
消泡剤	36
助剤	36
シーラーフィルム	57
シングルストラップ継手	155
シングルラップ継手	155
浸せき試験	119
進藤昭男	12
信頼度係数	169
水酸化アルミニウム	32
水酸化マグネシウム	33

スカーフ継手	135, 157	耐油性	117	**な行**		
スタンピング成形法	82	耐溶剤性	30, 117	ナノフィラー	33
ステップドラップ継手	158	打音試験	198	難燃性	30
スーパーエンプラ	31	縦割れ	106	ねじり座屈	162
スプレーアップ成形法	47	ダブルストラップ継手	155	熱可塑性樹脂	31
静的引張試験	100	ダブルラップ継手	155	熱可塑性複合材料	81
精度係数	171	タルク	33	熱硬化性樹脂	26
静疲労	105	炭化	16	熱伝導	191
積層構成	150	炭酸カルシウム	32	熱膨張係数	103, 152
積層コード	98	単純曲げ理論	163	粘弾性	120
積層パラメータ	150	弾性座屈	161	**は行**	
積層理論	150	端面切欠き曲げ	139		
接触圧成形法	45	端面負荷割れ	139	ハイブリッド成形	85
接着接合	154	着色剤	36	パウダー含浸糸	84
繊維強化プラスチック	1	中皮腫	19	破壊強さ	169
繊維の弾性係数	86	長期荷重	173	暴露試験	115
繊維方向	86	直交方向	87	バーコル硬さ	118
せん断座屈	162	チョップドストランドマット	23	パッシブ赤外線サーモグラフィ法	199
せん断弾性係数	99	チョップドフープワインディング成形法	72	ばらつき係数	171
線膨張係数	192			バルクモールディングコンパウンド成形法	63
双片持ちはり	139	疲れ限度	108		
層間破壊靭性	113, 138	疲れ強さ	108	パルスエコー法	197
層間はく離	106, 151	突合せ接合	44	ハンドレイアップ成形法	45
そぎはぎ接合	44	突合せ継手	155	汎用耐食性	30
促進剤	35	継手	154	引抜成形機	84
促進耐候性試験	115	低下係数	173	引抜成形法	75, 84
塑性座屈	161	締結材	156	微小座屈	102
損失係数	193	低収縮剤	37	引張弾性係数	101
た行		手積み積層法	45	比抵抗	184
		テープラッピング成形法	70	非破壊検査	196
耐アルカリ性	118	テーラリング	3	非破壊試験	196
大工試法	12	電気抵抗	185	表皮効果	189
耐候性	115	電磁誘導加熱	83	ピール応力	135
耐酸性	118	天然繊維	24	ヒルの降伏条件	147
対称積層	98	等寿命線図	108	ピールプライ	52
耐食FRP成形法	79	等方性材料	3	疲労強度	108
耐食性	117	等方性ピッチ	17	疲労限度	108
耐食層	80	特殊エンプラ	31	疲労限度線図	108
耐水性	117	トランスバースクラック	151	疲労寿命	107
対数減衰率	193			疲労寿命線図	107
体積含有率	87			疲労破壊	105
耐熱性	30				
耐薬品性	117				

ファスナ	132	マルチスケール		CFRP	4	
フィラメント	11	シミュレーション	183	CIC	63	
フィラメントワインディング		マルチフィジックス		DCB 試験法	139	
成形法	67	シミュレーション	183	DMC	63	
フェーズドアレイ法	198	メソフェーズピッチ	17	ENF 試験法	141	
フェノール樹脂	31	面圧応力	133	E ガラス	193	
フェリシティ効果	199	や行		FRPM 管	72	
不確定係数	170			FRSP	25	
複合材料	1	有機過酸化物	35	FRTP	25	
複合則	87	有限要素解析	151	GFRP	4	
賦形精度	43	有限要素法	177	Henry Goebel	11	
賦形方法	42	融　点	193	Henry Woodward	11	
不飽和ポリエステル樹脂	26	溶着接合	154	HLU	45	
不融化	16	用途・重要度係数	170	LCM 法	54	
フラッター解析	183	ら行		L. L. Winter	12	
ブリーダークロス	52			LRTM 法	55	
プリプロセス	180	ライフサイクル		Mathew Evans	11	
プルトルージョン成形法	75	シミュレーション	181	MR 積層	23	
分割片持ちはり	139	離型剤	36	NDI	196	
平面応力	144	離散化	177	NDT	196	
ヘルスモニタリング法	202	流体管	176	RIMP 成形法	56	
ポアソン比	99	臨界座屈荷重	166	RIM 法	53	
母　材	2	レーザ超音波法	198	RTM 成形法	53	
母材割れ	106	連続パネル成形法	76	SDS	32	
ボンドテスター	198	ロービング	21	Sir Joseph Swan	11	
ま行		ロービングクロス	23	S-N 曲線	107	
		わ行		SpU	47	
マイナー則	109			T 型接合	44	
曲げ-ねじりカップリング		ワイブル分布	103	UP 樹脂	26	
	97	英文		VARI 成形法	55	
マーコ法	56			VaRTM 法	55	
マスター曲線	125	AE	199	VIP 成形法	56	
マッチドメタルダイ成形法		CAD	179	VRTM 法	55	
	58	CAE	179	William F. Abbot	12	
マトリックス	2	CAI	112	W. P. Coxe	12	
——の弾性係数	86	CAM	179			

基礎からわかる FRP ― 繊維強化プラスチックの基礎から実用まで ―
FRP Basics
― From Basics to Applications of Fiber Reinforced Plastics ―

Ⓒ 一般社団法人 強化プラスチック協会 2016

2016 年 4 月 18 日 初版第 1 刷発行
2024 年 8 月 20 日 初版第 6 刷発行

検印省略

編 者	一般社団法人 強化プラスチック協会
発行者	株式会社 コロナ社
	代表者 牛来真也
印刷所	新日本印刷株式会社
製本所	有限会社 愛千製本所

112-0011 東京都文京区千石 4-46-10
発行所 株式会社 コ ロ ナ 社
CORONA PUBLISHING CO., LTD.
Tokyo Japan
振替00140-8-14844・電話(03)3941-3131(代)
ホームページ https://www.coronasha.co.jp

ISBN 978-4-339-04647-2　C3053　Printed in Japan　　(中原)

JCOPY <出版者著作権管理機構 委託出版物>
本書の無断複製は著作権法上での例外を除き禁じられています。複製される場合は、そのつど事前に、出版者著作権管理機構（電話 03-5244-5088, FAX 03-5244-5089, e-mail: info@jcopy.or.jp）の許諾を得てください。

本書のコピー，スキャン，デジタル化等の無断複製・転載は著作権法上での例外を除き禁じられています。購入者以外の第三者による本書の電子データ化及び電子書籍化は，いかなる場合も認めていません。
落丁・乱丁はお取替えいたします。

新塑性加工技術シリーズ

（各巻A5判）

■日本塑性加工学会 編

	配本順		（執筆代表）	頁	本体
1.	（14回）	塑性加工の計算力学 ―塑性力学の基礎からシミュレーションまで―	湯川伸樹	238	3800円
2.	（2回）	金属材料 ―加工技術者のための金属学の基礎と応用―	瀬沼武秀	204	2800円
3.	（12回）	プロセス・トライボロジー ―塑性加工の摩擦・潤滑・摩耗のすべて―	中村 保	352	5500円
4.	（1回）	せん断加工 ―プレス切断加工の基礎と活用技術―	古閑伸裕	266	3800円
5.	（3回）	プラスチックの加工技術 ―材料・機械系技術者の必携版―	松岡信一	304	4200円
6.	（4回）	引抜き ―棒線から管までのすべて―	齋藤賢一	358	5200円
7.	（5回）	衝撃塑性加工 ―衝撃エネルギーを利用した高度成形技術―	山下 実	254	3700円
8.	（6回）	接合・複合 ―ものづくりを革新する接合技術のすべて―	山崎栄一	394	5800円
9.	（8回）	鍛造 ―目指すは高機能ネットシェイプ―	北村憲彦	442	6500円
10.	（9回）	粉末成形 ―粉末加工による機能と形状のつくり込み―	磯西和夫	280	4100円
11.	（7回）	矯正加工 ―板・棒・線・形・管材矯正の基礎と応用―	前田恭志	256	4000円
12.	（10回）	回転成形 ―転造とスピニングの基礎と応用―	川井謙一	274	4300円
13.	（11回）	チューブフォーミング ―軽量化と高機能化の管材二次加工―	栗山幸久	336	5200円
14.	（13回）	板材のプレス成形 ―曲げ・絞りの基礎と応用―	桑原利彦	434	6800円
15.	（15回）	圧延 ―ロールによる板・棒線・管・形材の製造―	宇都宮裕		近刊
		押出し ―基礎から高機能付加成形まで―	星野倫彦		

定価は本体価格+税です。
定価は変更されることがありますのでご了承下さい。

図書目録進呈◆

技術英語・学術論文書き方,プレゼンテーション関連書籍

プレゼン基本の基本 ―心理学者が提案するプレゼンリテラシー―
下野孝一・吉田竜彦 共著／A5／128頁／本体1,800円／並製

まちがいだらけの文書から卒業しよう ―基本はここだ！― 工学系卒論の書き方
別府俊幸・渡辺賢治 共著／A5／200頁／本体2,600円／並製

理工系の技術文書作成ガイド
白井 宏 著／A5／136頁／本体1,700円／並製

ネイティブスピーカーも納得する技術英語表現
福岡俊道・Matthew Rooks 共著／A5／240頁／本体3,100円／並製

科学英語の書き方とプレゼンテーション（増補）
日本機械学会 編／石田幸男 編著／A5／208頁／本体2,300円／並製

続 科学英語の書き方とプレゼンテーション ―スライド・スピーチ・メールの実際―
日本機械学会 編／石田幸男 編著／A5／176頁／本体2,200円／並製

マスターしておきたい 技術英語の基本 ―決定版―
Richard Cowell・佘 錦華 共著／A5／220頁／本体2,500円／並製

いざ国際舞台へ！ 理工系英語論文と口頭発表の実際
富山真知子・富山 健 共著／A5／176頁／本体2,200円／並製

科学技術英語論文の徹底添削 ―ライティングレベルに対応した添削指導―
絹川麻理・塚本真也 共著／A5／200頁／本体2,400円／並製

技術レポート作成と発表の基礎技法（改訂版）
野中謙一郎・渡邉力夫・島野健仁郎・京相雅樹・白木尚人 共著
A5／166頁／本体2,000円／並製

知的な科学・技術文章の書き方 ―実験リポート作成から学術論文構築まで―
中島利勝・塚本真也 共著
A5／244頁／本体1,900円／並製
日本工学教育協会賞（著作賞）受賞

知的な科学・技術文章の徹底演習
塚本真也 著　工学教育賞（日本工学教育協会）受賞
A5／206頁／本体1,800円／並製

定価は本体価格+税です。
定価は変更されることがありますのでご了承下さい。

図書目録進呈◆